管理记忆7步骤

[美] 安德鲁·E.布德森 [美] 莫琳·K.奥康纳 —— 著

卢巧丹 蒋满仙 —— 译

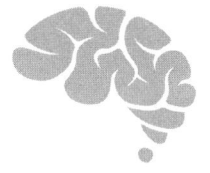

Seven Steps
to Managing
Your Memory

浙江人民出版社

© Oxford University Press 2017

Seven Steps to Managing Your Memory was originally published in English in 2017. This translation is published by arrangement with Oxford University Press. Zhejiang People's Publish House is solely responsible for this translation from the original work and Oxford University Press shall have no liability for any errors, omissions or inaccuracies or ambiguities in such translation or for any losses caused by reliance thereon.

浙江省版权局著作权合同登记章
图字：11-2020-349号

图书在版编目（CIP）数据

管理记忆7步骤 /（美）安德鲁·E.布德森，（美）莫琳·K.奥康纳著；卢巧丹，蒋满仙译． — 杭州：浙江人民出版社，2024.6

ISBN 978-7-213-10676-7

I. ①管⋯ II. ①安⋯ ②莫⋯ ③卢⋯ ④蒋⋯ III. ①记忆术 –通俗读物 IV. ① B842.3-49

中国版本图书馆 CIP 数据核字（2022）第140624 号

管理记忆7步骤

[美]安德鲁·E.布德森　　[美]莫琳·K.奥康纳　著
卢巧丹　蒋满仙　译

出版发行：浙江人民出版社（杭州市环城北路177号 邮编 310006）
市场部电话：（0571）85061682　85176516

责任编辑：刘　华	责任校对：汪景芬
责任印务：钱钰佳	封面设计：王　芸

电脑制版：杭州敬恒文化传媒有限公司
印　　刷：浙江新华印刷技术有限公司
开　　本：710毫米×1000毫米　1/16　　印　张：19.5
字　　数：203千字　　　　　　　　　　插　页：2
版　　次：2024年6月第1版　　　　　　印　次：2024年6月第1次印刷
书　　号：ISBN 978-7-213-10676-7
定　　价：78.00元

如发现印装质量问题，影响阅读，请与市场部联系调换。

前　言

- 走进房间拿东西，却忘了要拿什么。
- 见过朋友好几次，却突然想不起他的名字。
- 不能像配偶那样记住生活中比如婚礼、家庭度假等许多重要事件的细节。
- 看完电影一周后，想不起片名和部分情节。
- 开车不专心时，拐错一条路，最后到了不想去的地方。
- 必须写下购物清单，否则无法从商店买回想要的商品。
- 花很多时间寻找钥匙、眼镜、皮夹或手提包。
- 难以在停车场找到自己的车。
- 一天要几次查看日程表，才能记住日程安排。
- 你问了个问题，家人告诉你，你刚才已经问过。

　　某些经历听起来是不是很熟悉？

　　你是否发现自己很难分辨这些经历中哪些属于正常衰老，哪些属于记忆障碍？

　　你有时会遇到这些或其他记忆问题吗？

你是否会开玩笑说自己"老了"或者得了"健忘症"？

你是否想知道或担心，记忆力下滑是否是阿尔茨海默病的征兆？

你是否想评估自己的记忆力，却不知如何操作？

你是否对评估所包含的项目，以及哪些项目能够和哪些项目不能够纳入医疗保险或者其他保险感到焦虑？

如果药物真能改善记忆力，你会吃药吗？

你是否想通过健康饮食来改善记忆，但对一些相互矛盾的说法感到困惑？

你是否想知道填字游戏或电脑游戏能否改善记忆、预防阿尔茨海默病？

你是否想通过锻炼提高记忆力，却不知该选择什么锻炼方式以及要达到多大的运动量？

你是否已被诊断为轻度认知障碍？抑或是阿尔茨海默病？

如果你对以上任何一个问题的回答为"是"，那么此书就是为你而写的。我们会帮助你改善记忆力。我们会解释哪些记忆衰退是正常的，哪些不是正常的。我们会教你如何饮食，如何锻炼。我们会告诉你改善记忆力的策略和方法，也会告诉你何时应该看医生，医生又该如何处理你的记忆问题。

我们一个是神经科医生，一个是神经心理学家，在工作中曾经评估过数千位来访者，他们像你一样担忧自己的记忆力。我们帮助他们了解记忆困难何时由正常衰老、维生素缺乏或抑郁引起，何时由阿尔茨海默病等疾病引起，再根据病因推荐特定的药物、维生素、饮食、锻炼方式或小组活动，有时甚至推荐他们参与研发新药的临床试验。

那么为什么选择现在推出这本书？我们与来访者交流评估结果、提供建议时，总是希望我们有更多时间——更多时间来解释为什么他们的记忆问题并非严重疾病，可能只是正常衰老的现象；更多时间来解释药物的工作方式和原理；更多时间来解释各种疗法和建议的利弊。本书让我们有机会讨论所有这些话题以及更多的话题，你可以根据所需进行或深或浅的了解。

对于记忆问题，我们比以往有更丰富的诊断和治疗方式。过去几年里，可帮助评估记忆力的新的诊断测试和标准呈爆炸式增长，我们在治疗、饮食和锻炼方面的知识也有了极大的拓展，可以帮助那些正常衰老的人、有轻度认知障碍的人、阿尔茨海默病患者改善记忆（是的，我们甚至可以为确诊为阿尔茨海默病的患者提供帮助）。这本书让我们有机会与你分享这些进展，并帮助你通过7个基本步骤管理记忆。

如何使用这本书

我们写这本书的初衷是为了让更多人受益。如果你是：

- 担心自己记忆力的老年人，本书便是为你而写。我们建议你从头到尾读一遍。
- 如果你身边有担心自己记忆力的家人或朋友，本书也是为你而写。我们建议你也从头到尾读一遍。
- 没有任何记忆问题或担忧，但渴望增强记忆力的老年人，我们建议你阅读第1步、第2步、第5步和第6步。如果你愿意，还可以阅读其他步骤。
- 任何想要学习更多记忆知识的人，如记忆障碍及其治疗方法、饮食选择、锻炼方式和有效策略，请阅读任何你想要了解的步骤。
- 医疗专业人士，本书可以推荐给你的患者，帮助他们更好地理解记忆、记忆障碍、治疗方法，以及有助于管理记忆的饮食选择、锻炼方式和有效策略。
- 教育工作者，本书可以用作介绍记忆和记忆障碍的通俗文本，里面包含了丰富的案例。
- 希望以此提高考试成绩的学生，本书不适合你。

关于故事

为了让本书更易阅读,我们在书中穿插了许多故事。正如下文所说,我们希望这些故事有助于理解我们所讨论的问题及其含义。但如果你更喜欢阅读没有故事的文本,没问题,你可以跳着看,或者如果你想要进一步了解某个特定话题,也可以专门阅读那部分的故事。故事并不是我们设计的必读内容。为了让你更容易进入故事情节,我们加入了以下角色。

- 苏,担心自己记忆力的80岁老太太
- 约翰,苏的丈夫
- 杰克,担心自己记忆力的72岁老人
- 萨拉,杰克的女儿
- 山姆,苏和杰克共同的朋友
- 玛丽,山姆的妻子,阿尔茨海默病患者

目 录
Contents

引 言 / 001

第1步 了解什么是正常记忆

第 1 章　任何年龄段的人都会犯的记忆错误有哪些？ / 002

第 2 章　随着年龄增长，人的记忆力如何变化？ / 018

第2步 判断记忆力是否正常

第 3 章　非正常的记忆问题有哪些？ / 032

第 4 章　医生应该做些什么来评估记忆力？ / 043

第 5 章　何时需要特别测试和评估？ / 057

第 3 步　了解记忆丧失的原因

第 6 章　我的记忆力会改善吗？哪些记忆问题是可逆的？／ 074

第 7 章　什么是痴呆、轻度认知障碍和主观认知下降？／ 099

第 8 章　什么是阿尔茨海默病？／ 109

第 9 章　什么是血管性痴呆和血管性认知障碍？／ 124

第 10 章　其他影响思维和记忆的老年脑部疾病有哪些？／ 132

第 4 步　治疗记忆丧失

第 11 章　哪些药物可以治疗记忆丧失和阿尔茨海默病？／ 148

第 12 章　记忆丧失或病情诊断结果让我感到有些焦虑和抑郁：我该如何处理这些情绪？／ 166

第 5 步　调整生活方式

第 13 章　为了改善记忆，该吃哪些食物，远离哪些食物？／ 184

第 14 章　体育活动和锻炼有助于改善记忆吗？／ 200

第 6 步　增强记忆力

第 15 章　如何增强记忆力？/ 214

第 16 章　哪些策略能增强记忆力？/ 225

第 17 章　哪些记忆辅助工具有用？/ 247

第 7 步　规划未来

第 18 章　记忆力衰退会改变生活吗？/ 260

第 19 章　未来何去何从？/ 273

术语表 / 280

拓展阅读 / 286

关于作者 / 291

致　谢 / 295

引 言

这可能会很尴尬，苏心想。她和闺蜜一起吃午饭，吃到一半才想起闺蜜丈夫的名字。我怎么会忘记呢？苏反复地想。她还记得他的一切——长相、外科医生职业、荣休宴——除了名字。

苏能将这小小的记忆失误糊弄过去。事实上，她已经非常擅长这么做，比如被发现想不起某人的名字，一笑置之。然而，她的内心却笑不起来。

苏担心她的记忆力。事实上，"担心"这个词还算轻描淡写。她非常害怕自己会得阿尔茨海默病。苏刚满80岁，她的一个朋友玛丽就在这个年龄被诊断出患有阿尔茨海默病。之后，玛丽不得不搬出公寓，住到专门的护理中心。

苏没有向朋友和孩子提及她的担忧。孩子们只会担心和反应过度——希望她进入那些"退休社区"。她不需要这些……毕竟，她在家里生活没有什么困难，可以自己购物、做饭、打扫卫生，而且从不拖欠账单。苏的朋友不会有兴趣听她的担忧。这只会让他们担心自己类似的记忆困难——或者比这更糟，他们会开始把她当作一个病人，不再让她参与他们的社交活动。苏向丈夫约翰提起了她的担忧。不过约翰认为她的记忆力很正常，苏也不想再提及此事，以免他担心。

苏回忆了其他记忆失误的情况。就在昨天，她下楼到地下室，却怎么也想不起要找什么。走回厨房之后，才想起自己需要那卷纸巾，只好再次下楼。苏可以轻松回忆起昨天或上周发生的事，却很难想起童年时候的一些事情，比如读二年级时最好的朋友的名字。这正常吗？苏不确定。

苏想不起名字，忘记走进房间要做什么，想不起童年时候的一些事情，但苏的日常生活完全独立，她想保持这种状态，却又很担心自己的记忆力。她应该担心吗？

让我们再来看看另一个故事。杰克刚从当地的社区旅舍回来，朋友山姆认为杰克可能有阿尔茨海默病，建议杰克去检查一下记忆力。

他说得对吗？杰克思考着山姆的话。他不知该感谢山姆还是该痛打他一顿。某种程度上两者都想。在内心深处，杰克知道山姆是想帮忙，但他有些鲁莽。确实，杰克清楚自己记东西有困难，但这个年纪谁不这样呢？就因为山姆的妻子得了阿尔茨海默病，他就突然觉得自己是什么狗屁医生，喜欢给别人诊断。据杰克所知，医生们对记忆问题也了解不多。山姆带玛丽去看了四次，医生才意识到是记忆问题。

杰克想了想他的记忆力。他不认为有什么不对劲，至少和这个年龄段的人没什么两样。毕竟他已经72岁了。当然，他的记忆力不如32岁（或者62岁）时。他的朋友中至少有一半——可能是3/4——也有类似的困难，记不住人名，想不起昨天做了什么，或者第二天要做什么。他越想越觉得自己的记忆力挺正常……甚至比普通人更好。有多少同龄人能列出高中好友的名字，以及他们所开的车的品牌、型号和年份？他甚至还记得小学时的一些朋友。杰克知道自己对痴呆或阿尔茨海默病了解不多，但他敢打赌，很少像他这般年纪的人，还能清楚地记得小时候的一些事情。

尽管如此，杰克仍然感到不安。山姆强调说，他之所以提醒杰克去检查记忆力，是因为杰克可以服用一些药物来改善记忆力。杰克不想犯傻——他看到邻居因忽视高血压而中风，说不了话——掩耳盗铃绝不是正确之举。毕竟，他从来都不是一个逃避问题的人，他宁愿直面问题。也许他应该联系医生。

--- ◇ ✦

苏和杰克的故事是否耳熟？在这本书中，我们将跟随苏和杰克来看看管理记忆的7个步骤，更好地了解什么是正常记忆（第1步），与医生合作，进行全面评估（第2步），再看看不同疾病如何筛查，如何得出诊断结论（第3步），接着我们会看到医生给苏和杰克开什么药（第4步），苏和杰克尝试的饮食、维生素和锻炼方式（第5步），最后是帮助改善记忆的习惯、策略和辅助工具（第6步）。我们也会看到苏和杰克的担忧、焦虑，以及在生活中所作的一些调整。最后，他们从哪里获取更多的信息，以及如何规划未来（第7步）。

我们希望，这些结合真实人物经历的故事有助于更好地理解我们所讨论的问题及其含义。当然，如果你更喜欢阅读没有故事的文本，没问题，你可以跳过故事。故事并不是我们设计的必读内容。

言归正传，我们开始第1步，了解正常记忆，以及随着年龄的增长，思维能力和记忆力的正常变化。

Step 1 第1步

了解什么是正常记忆

你的记忆正常吗？要回答这个问题，我们需要从另一个问题开始说起：什么是正常记忆？

第1步，我们要了解有关正常记忆的问题。正常记忆和异常记忆的区别不一定在于问题的类型，而在于问题的发生频率和严重程度，这是让记忆问题变得棘手的原因之一。尽管如此，为了能够帮助你了解自己的记忆是否正常，我们首先需要告诉你任何年龄段的人都可能发生记忆错误，再让你了解随着年龄的增长，记忆会发生什么变化。

第1章

任何年龄段的人都会犯的记忆错误有哪些？

在本章中，我们将会了解到记忆经常以各种不同的方式衰退，导致遗忘，甚至是记忆扭曲和错乱，任何年龄段的健康个体都会出现这种情况。我们也会解释记忆如何形成、存储和提取。

记忆填满生活的每一页

苏（我们在引言里提到过她）和丈夫约翰来到华盛顿特区，40年前他们曾带着孩子来过这里，这是他们第一次重游此地。看着城市里有些地方保持原样，而有些地方发生了变化，他们很兴奋。不过苏没有向约翰提起，她想利用这次机会来测试自己的记忆力——对于40年前的那次游历，看看她记住了什么，忘记了什么。他们正在国家艺术馆的花园咖啡厅吃午餐。

谈到记忆时，我们通常指的是对生活片段的记忆。想想你生活中的一个片段，比如与朋友吃的一顿午餐。片段里有餐厅和朋友的画面、朋友的声音、食物的气味和味道，以及你当时的想法和感受。当你创建一段记忆时，来自感官、思维和情感的信息将汇聚成一个连贯的故事，就像你把它写下来一样。每一种感受（比如你朋友的声音）都将是记忆的一个点，不同的点汇集在一起形成了这一片段的几个组成部分。例如，一部分可能是你对服务生的印象：他的外表，包括衣着、发型、举止和声音；一部分可能是你点的饮料，是一杯水、一杯无糖汽水，还是一杯带小伞的鸡尾酒；一部分可能是你的午餐主菜和你朋友点的餐；还有几部分可能是你们的对话——你们讨论的每个话题都是一部分。

海马体绑定记忆

这个片段结束时（在这个例子中就是"当你的午餐结束时"），事件的不同部分以及每个部分的不同点，将绑定在一起成为一个连贯的整体：一段记忆。一旦这个片段绑定好，它就可以存储起来，以便之后作为一个整体供你取用。实际上，一旦绑定完毕，回想起记忆的任何一部分，比如你的主菜，甚至是主菜的味道，都能让你想起整个片段。这种绑定由大脑的记忆中心海马体来协调。海马体在大脑左右两侧各有一个。它们位于大脑深处，每个颞叶的内侧底部，紧靠头部两侧的太阳穴，就在眼睛后面。左侧海马体主要负责记忆语言和事实信息，而右侧海马体主要负责记忆非语言和情感信息。

记忆随着时间的流逝而消逝

午餐后,苏和约翰穿过绿草如茵的华盛顿国家广场,参观航空航天博物馆。

约翰说:"我真的很想看看现在的航空航天博物馆是什么样子,跟我们之前与孩子一起来这里时有没有差别。"他的鞋子踩在碎石路上嘎吱作响。

苏问:"你确定我们参观过这个博物馆吗?我不记得以前来过。"

"是的!我非常确定。1976年庆祝美国独立两百周年时,我们就在这里,它才刚刚开业,我记得特别清楚。你知道那时我对太空很感兴趣。"

"我知道两百周年纪念时我们在华盛顿特区,但我就是不记得来过航空航天博物馆。"

他们走进博物馆大门,享受里面凉爽的空气。

苏抬起头,看到了"圣路易斯精神"号飞机、登月舱以及其他几架航天飞机。她现在很确定约翰是对的,她以前来过博物馆。

她还清楚地记得40年前站在"圣路易斯精神"号下的感受。她说:"约翰,你是对的。我现在想起来曾经来过这里,看过这些悬挂着的飞机和宇宙飞船。"

苏想到自己忘了曾经来过这个博物馆,脸色有点苍白。

记忆是短暂的，我们记住的事情不会永久存在。近期事件比遥远的过去事件更容易记忆，这中间有一个梯度变化。有很多关于记忆的谬论，比如我们应该记住所有经历过的事，尤其是那些重要事情，即使它发生在很久以前。因此，如果你记不起20年前去英国度假这一重要假期的细节，你可能会担心。然而，不记得多年前度假的细节可能再正常不过，特别是当你多年来从未想起过那个假期。当你回想一段记忆，就好比你在重新经历，然后再重新存储，所以它能够保持新鲜，容易提取。一段完全没有回想过的记忆会随时间的流逝而消逝。消逝得有多快？这取决于记忆最初的形成。这个片段越不寻常（例如与英国女王的会面），记忆就越深刻，记忆消逝的过程就越漫长。在后面的章节中，我们还将讨论其他能够影响记忆形成的因素。

现在我们来谈谈记忆衰退最常见的原因之一。

形成记忆，你需要集中注意力

在航空航天博物馆参观了几小时之后，苏和约翰沿着广场的碎石路向西漫步，最后他们到达了目的地——第二次世界大战纪念碑，这是新建造的，他们上次来这里时还没有纪念碑。

"嘿，苏，听我说，"约翰念起了纪念碑上的文字，"自由墙上有4048颗金星。每颗星星代表100名在战争中丧生或失踪的美国军人。第二次世界大战中一共有405399名美国人丧生或失踪，数量仅次于美国内战期间损失的62万多名美国人。"

苏没有认真听。她注意到了也在游览的一户家庭，让她想起了他们年轻时的情形：父亲试图跟孩子们讲一些历史。女孩听得全神贯注，一字不落。年龄稍大的男孩很感兴趣，但尽量不让自己表现出来，因为他需要看起来"很酷"。母亲试图阻止小一点的男孩跑来跑去……

苏和约翰继续游览纪念碑，绕着广场慢慢转了一圈。

走了大约一刻钟后，苏注意到一堵墙上挂满了金星。她问约翰："你觉得这些星星只是用于装饰还是有什么含义？"

"我15分钟前就把解释念给你听了。"

"真的吗？"苏惊讶地问。

"是的。每颗星星代表100名在战争中丧生或失踪的美国军人。"

"哦……好，谢谢。我一定是忘了。"

苏心想：哦不，我又忘了一件事！又一阵焦虑涌上心头。

◆ — ◆

健康人记不住名字，记不住事情，走进房间拿东西却忘了要拿什么，主要是因为注意力不集中。生活忙碌，我们经常一心两用。如果你正在做一件事（例如回复电子邮件），有人打断你，让你做另一些事情，那么你可能会忘记他让你做的事情，这不足为奇。这是因为你专注于电子邮件，而不是打断你的人以及要求你做的事情。因为注意力不集中，没有接收到新信息，这是一例。

如果有人介绍你认识一位新朋友，你与对方交谈，半分钟过去了，你却想不起他的名字，这是由于你关注的不是他的名字。你可能正忙着听他在说什么，或者在想自己接下来应该说什么。

现在我们来看看第二种注意力不集中的情况，它出现在提取记忆的时候。

提取记忆，你需要集中注意力

参观完第二次世界大战纪念碑，约翰拦下一辆出租车，他和苏坐了进去。约翰把他们在乔治城入住的酒店名称告诉了司机，然后出租车开动了。现在是选举季，每个人都在谈论政治。

司机问："你们是哪里人？"

苏回答了司机，接着又问："这个城市的每个人都热衷于谈论政治吗？"

"是的，当然。"他回答，"尤其是大选临近的时候。"

他们三人接着就聊起了政治和即将举行的大选。

"对不起。"约翰急切地对司机说，"你确定这是去乔治城的方向吗？"

"你提醒得对，先生。"司机边说边关掉了计价器，"你跟我谈政治，我就不知不觉地往机场开了。"司机一边掉头一边道歉。

我们无意识行动时，注意力会在别处，没有放在要提取的记忆上。我们"无意识驾驶"，最后到了一个错误的地方，这很常见。我们专注于其他事情，却没有将注意力放在要提取的信息上（在此例中，即我们要去哪里），这只是其中一例。

现在我们可以来解释一种很普遍的记忆故障：走进房间拿东西，却忘了要拿什么。通常，我们进房间拿某个东西，接着会看到其他东西，这个东西触发了一个新的、不同的想法，我们分心了，注意力不集中，然后就不记得进去要拿什么了。例如，假设我们从厨房去地下室拿一把螺丝刀，想拧紧橱柜门上的把手。我们走下地下室的楼梯，看到洗衣机就在前面，想到要把洗完的衣服从洗衣机里拿出，放入烘干机，这个简单的想法分散了我们的注意力，我们暂时忘记了螺丝刀，记不起下楼要拿什么了。我们不再去想，回到厨房，看到敞开的橱柜门，又想起要拿螺丝刀，这次我们下楼成功拿到了它。

我们来看看另一种常见的记忆故障。

有时名字就在嘴边

"那你打算投票给谁呢？"正开车前往乔治城的司机问。

约翰回答："我要投给琼斯州长。"

"那你呢，夫人，你也投票给琼斯吗？"

苏回答："我吗？不，我要投给参议员……参议员……"苏竭力回想着参议员的名字。

"你是说史密斯参议员？"司机问，"我也投给了他。在我看来，他在这群人中还算过得去。"

你有没有这种经历，参加一个聚会，看到某个认识的人从房间的另一头走来，你却记不起他的名字？你可能会想起很多有关他的事情——他跟你住在同一个镇上，有一双儿女，在学校工作，打高尔夫。其实你知道他的名字，几乎就在嘴边，但就是想不起来。放心，这完全正常。这是一个非常普遍的记忆阻塞的例子，它就在那里，只是你无法从记忆中提取。

有时候这是因为你一直在想一个相似但错误的名字，错误的名字"阻塞"了正确的名字。这也就是为什么当你停下来，想一会儿别的事情，脑海中可能会浮现正确的名字。

我们已经分析了当我们试图存储或提取信息时，记忆如何出了故障。现在我们来看看记忆如何变得混乱、扭曲，甚至完全错误。

暗示性信息可能会变成错误记忆

第二天，苏和约翰打算去参观林肯纪念堂。

他们在酒店里穿好衣服准备出发时，苏说："我好激动，我想我在电视上看过林肯纪念堂，但没有去过，否则我会有深刻的印象。"

约翰说："苏，我们第一次和孩子们来的时候就去看过了，我很肯定。我记得我试图让他们不要到处乱跑，让他们集中注意力，给他们念墙上的葛底斯堡演说。我坚持到一半，最后还是放弃了……每户人家的孩子都跑来跑去，这是一场失败的战斗。"

嗯，苏心想，也许我去过……我之前觉得我没有去过航空航天博物馆，但约翰是对的。她的思绪飘得更远，试着想象自己站在纪念碑前。她想象着年久泛黄的大理石墙面，孩子们跑来跑去，约翰读着上面的话，教他们一些东西——他总是这么做。她看到自己在那里，慢慢走上台阶，试图跟上孩子们。她想：**也许我以前去过……**

他们上出租车时，苏还想着林肯纪念堂。她越想越觉得以前去过那儿。场景变得更加生动，她开始想象写着葛底斯堡演说的那面墙、约翰、孩子们以及伟人的坐像。她可以想象出自己伸出手，把自己小小的手放在林肯雕像巨大的手上。

"那个，约翰。"苏说，"我确定你是对的，我确实和你，还有孩子们一起去过林肯纪念堂。"

"只要你站在林肯纪念堂前，"约翰说，"我敢肯定，你会想起来的。"

到达目的地之后，他们下了出租车，走向纪念堂。

苏走上纪念堂的台阶，等着自己回想起来。她走进纪念堂，走向雕像。她觉得不太对劲。苏自言自语道：**这和我想的不一样。** 她继续在纪念堂里慢慢走动。然后，她径直走到雕像前，惊讶地发现它又高又大。苏心想：**我肯定碰不到雕像的手。**"约翰，"她大声说，"我现在站在这里，我很肯定自己从未来过。我脑海里想象的画面与实际完全不同。"

"真的吗？"

"真的。你想想有没有可能当时我不在场？"

"哦，我想起来了，你确实没来这里。也许这就是我管不牢孩子们的原因了，因为你没有在旁边看住他们！"他笑着说。

想想律师用"引导性"问题来询问证人。试比较开放性提问（如"描述一下你在银行时发生了什么"）与引导性提问（如"描述一下被告冲进银行，挥舞左轮手枪，向出纳员要钱时发生了什么"），引导性提问中的这些暗示性信息很可能会让证人记住：被告人冲进银行，挥舞左轮手枪并向出纳员要钱。错误记忆，甚至非常复杂详细，也会发生在记忆力正常的人身上。

在日常生活中，此类暗示性信息会出现在更平常但往往很重要的场合。用引导的方式询问患者是否服用了药物，可能会让他们认为自己服了药，但实际上并没有。当我们问："你今天吃早餐时吃了药，对吗？"这时我们试图让他回忆。如果他只记得一部分（例如吃早餐），那么就暗示着他吃了药，这种暗示足以让他误以为自己服了药，但实际上并没有。

记忆可能变得扭曲、混杂、错乱

那天晚上，苏和约翰在一家高雅的法国餐厅吃晚餐。餐厅内放着古典音乐。

"我喜欢巴赫的这首曲子。"苏说，"我想我高中时演奏过这首协奏曲。"

"我也喜欢巴赫。"约翰表示同意，"但你确定这首曲子是巴赫的吗？我以为是亨德尔的。"

"不，我确定是巴赫。"

就在这时，餐厅经理从旁走过。他问："今晚的晚餐怎么样？"

约翰回答:"好极了。"

苏问:"在放的是什么音乐?"

经理回答:"这是亨德尔的《水上音乐》……你们喜欢吗?"

苏回答:"非常喜欢,谢谢。"

经理离开后,苏说:"噢,约翰,我不知道最近我的记忆力怎么了……我真的以为那首曲子是巴赫的。"

我们通常认为,当我们提取一段记忆时,它是准确无误的。然而,事实证明,记忆经常变得扭曲、与其他记忆混淆,或者发生错乱。你有没有碰到过这种情况,你以为某件事是一个朋友告诉你的,但后来发现是另一个朋友?混淆记忆非常常见。比如,你清楚地记得早上锁了大门,但当你忙完工作回到家,却惊讶地发现门没有锁。这种记忆混乱的通常原因是,你想起的是另一天锁门的情景。对我们经常做的事情的记忆,很容易错位。另一个普遍例子是,你以为自己想出了一个点子,但实际上它来自你读过的书。又如,你想做点什么,但后来发现已经做过了,例如发送电子邮件。

还有两种方式会导致记忆扭曲,这也是任何年龄段的人都可能会出现的记忆问题。

我们倾向于以现在的视角回忆过去

几天后,苏和约翰回到家里。苏在活动室。

约翰走了进来,说道:"嘿,苏,看我找到了什么!"他拿着一本旧相册。"我们和孩子们一起在华盛顿特区旅行时拍的照片。"

苏和约翰开始翻看那些旧照片。

苏说:"我真不敢相信以前人们会穿那种涤纶西服套装……没有人穿起来好看。"

约翰评论道:"时尚来去匆匆。"

"好吧,我很庆幸我从来没有这样的衣服……你不会看到我穿那种套装。"

接着翻到了一些在航空航天博物馆拍的照片。

"嘿,这是你。"约翰说,"我知道你和我们一起去了航空航天博物馆。"

"是的,你说得很对……"

苏不是在想她去了博物馆,她在看她当时的穿着。

"约翰,等一下,让我看看相册。"苏边说边把相册放到腿上,她翻了一页又一页。毫无疑问,一、二、三,在他们的华盛顿特区之旅中,她穿了三套不同的涤纶西服套装。

这时约翰注意到苏在看什么。他说:"嘿,你以前也穿那种套装!"

"嗯,是的,我想我们当时都赶时髦。"苏说着,心不断往下坠,又有一件事不记得了……

◇—◆

随着年龄增长,我们往往对自己有一个统一连贯的印象。我们可能会说:"我年轻的时候更加崇尚自由,直到我更多了解这个世界是怎样的。"但总的来说，我们成年之后对自己的看法以及所持的观点更像是一幅稳定不变的"图像"，而不是一部"电影"。换言之，我们倾向于以现在的视角回忆我们过去的态度和观点。这些影响在感觉、情绪、好恶方面最为强烈。另一个常见例子是我们如何看待他人。让我们想想一位我们认识了很久的同事，我们与他相处不错的时候，可能会觉得他一直是个好人，记得他对我们的帮助和他的重要成就。然而，如果后来与他发生了分歧，我们对他的记忆可能会迅速发生改变。现在想到他，就会回想起他犯过的所有错误以及他所带来的麻烦。

提取记忆时，我们可能会一不小心永久地改变了它

前文提到，每当我们提取一段旧的记忆，就好比我们重新经历一次，然后再将其重新存储，因此它能够保持新鲜。这种再经历、再存储，强化了旧记忆，使其更容易提取，但缺点是，如果由于某些原因，在回忆过程中，记忆里某些部分或某些方面出错，那么这些错误信息就会被存储，成为记忆的一部分。之后提取记忆时，我们很可能会回忆起包含错误信息的记忆。

假设我们和同事一起看了一部电影，也许是《教父》。后来，我们又和配偶一起看了这部电影。几年过去了，有人问我们有没有看过《教父》。回忆时，我们开始混淆这两次的记忆。如果下次有人问我们有没有看过《教父》，我们回想一下，回答说："是的，我和同事一起看过，我的爱人也在。"记忆再次被改写。又过了一年，有人

问我们是否看过《教父》，我们信心满满地回答："看过，我和爱人，还有同事，一起在家里看过。"

小　结

生活里的记忆片段由大脑的记忆中心——海马体绑定在一起。记忆会随时间的流逝而消逝，但当它们被提取过后会变得更加牢固。在形成和提取记忆时，注意力至关重要。最后，随着时间的推移，记忆很容易发生混淆和扭曲。

我们已经了解任何人都可能出现记忆衰退现象，我们来回顾一些常见的记忆问题，包括在前言和引言中提到过的一些问题，解释为什么这些是正常记忆现象。

- 走进房间拿东西，却忘了要拿什么。

　　这是一种正常现象，很普遍。通常是因为你在房间里看到了其他东西，分心了，注意力不够集中。

- 见过一个朋友好几次，却突然想不起他的名字。

　　你感觉名字就在嘴边，就是想不起来，这是一种常见的现象——"阻塞"。尤其是记人名和其他名称时，出现这种情况很正常。

- 不能像配偶一样记住生活中许多重要事件的细节，比如婚礼和家庭度假。

　　事实上，随着时间的推移，记忆变得越来越难以提取，这很正常。判断遗忘某件事是否正常，这取决于许多因素，包括事情发生在多久以前、它对你的重要性，以及你有多少次想起它。

- 开车不专心时，你拐错一条路，最后到了你不想去的地方。

  "无意识驾驶"的时候，你会不小心把车开向你经常去的地方（单位、家、学校等）。人们经常这么做，这是因为注意力不够集中。

- 你记得孙子孙女在做什么，却把两者弄混了，以为孙子在打棒球，孙女在练空手道，而实际情况恰恰相反。

  给真实记忆匹配不正确的时间、地点或人，是混淆记忆最常见的原因，这很正常。

- 你很确定自己从不喜欢理查德·尼克松，直到配偶在阁楼上找到你以前的选举投票徽章和报名单，然后你想起自己实际上曾挨家挨户地请选民签字，帮助尼克松在首次参议院竞选中拉票。

  这个例子清楚地说明了你现在对尼克松的了解、看法和感受如何改变了你记忆中对他的感受。

- 伴侣问你离家时是否没关熨斗，你最初以为自己关了，但越想越觉得他是对的，你没有关。你掉头开车回家，结果发现熨斗是关了的。

  将他人的暗示性信息融入自己的记忆，这种情况常常伴随着引导性问题而发生。这是记忆错误和扭曲的普遍原因。

- 鸡尾酒会上，你发现自己的拉链坏了。就在这时，宴会主人介绍你认识4位新朋友。你和他们聊天时，发现自己想不起他们的名字了。

  这是记忆形成时没有集中注意力导致遗忘的另一个常见例子，这很正常。你的注意力部分集中在你的拉链上，没有分配足够的注意力去记住他们的名字。

- 你遇到一位多年未见的老朋友。你问她是否还在当地书店工作，线上销售是否影响了书店生意。她困惑地盯着你，然后温柔地提醒，在书店工作的不是她，而是你们共同的朋友。

  虽然有点尴尬，但这种记忆混淆的例子不在少数，并无大碍。她们并不是毫无关联，她们是朋友，所以你更有可能把她们混淆。

现在，希望你能松口气，至少你正在经历的一些记忆问题是完全正常的。在第2章中，我们将讨论老年人的记忆，看看健康老年人中常见的其他一些记忆问题。

第2章

随着年龄增长,人的记忆力如何变化?

我们已经讨论了不同年龄段的健康个体记忆衰退的一些最常见表现,现在让我们来看看随着年龄增长而经常出现的一些问题。

额叶组织记忆

我们上次说到杰克(引言中提到过)时,好友山姆担心他患有阿尔茨海默病,建议他做记忆力评估。现在让我们看看杰克的情况。

杰克的外孙女今年11岁,五年级,需要做一份社会研究报告。家里的电脑坏了,杰克自告奋勇带她去图书馆,让她看看"电脑还没出现之前,人们是怎么做的"。

杰克开车送外孙女去图书馆。停车场快满了,他们需要把车停在离入口很远的地方。当他们停好车,走向图书馆时,外孙女兴奋地说:"我正在写一份有关大陆漂移的报告。你知道加利福尼亚有一天会脱离大陆,掉到海洋里吗?"他们走进图书馆时,她还在滔滔不绝地说着话。

　　大约30分钟后，杰克和他的外孙女走出图书馆，手里拿着书。杰克看着停车场，停下了脚步，自言自语："我的车停在哪里？"

　　杰克扫视了一下停车场，没有看到他的车，心想：该死，这就是山姆所说的那些记忆问题的一个例子！

　　"我们把车停哪儿了？"杰克问外孙女。

　　"嗯，我不知道……我想就在这儿。"外孙女回答，含糊地往左边一指。

　　杰克看了看左边，心想：这孩子也不知道车在哪里，所以可能不只是我……不过，我不应该在这个该死的停车场把车给弄丢了。

——◇—◆——

　　你有没有想过你的大脑是如何记录所有不同记忆、创建新记忆，并在需要时（至少大多数时候）提取它们的？答案是，大脑中的额叶在帮助你组织记忆。如你所料，它们位于大脑的前部，就在前额后面。额叶帮助你精准选择你注意的事物，反过来又决定你将记住的内容。想想你的眼睛看到各种不同的情景，耳朵听到声音，嘴和鼻子感受着味道和气味，大脑的其他部分不断产生思想和情绪。正是额叶让你选择是注意与朋友的对话，还是注意把车停在哪里。你所注意的信息随后会被转移到海马体，绑定在一段记忆中（参见第1章）。也正是额叶帮助你搜寻一段记忆。因此，当你"努力回忆某件事"的时候，比如你把车停在了哪里，是大脑额叶在"努力"，在你的记忆中搜寻正确的信息。

额叶集中注意力

如果你在停车场很难找到车,这是不是一个严重的记忆问题?不一定,尤其是当你和朋友交谈时,你全神贯注于谈话,没有注意你把车停在哪里。正如我们在第1章所说,记忆形成之时注意力不集中是遗忘的最常见原因之一。现在我们可以进一步了解问题的症结:在杰克的例子中,形成记忆时,额叶没有集中注意力;在试图提取记忆时,同样需要额叶集中注意力。

老化的额叶集中注意力更费劲

经过一番寻找,杰克和外孙女找到了车,然后开车回家。

"非常感谢你带我去图书馆,外公!我真的很喜欢这本书,我想它对我的社会研究报告会很有帮助……"

她继续滔滔不绝地说着话。一到家,车还没来得及停好,她就冲下车,跑进了厨房。

"发现一本好书了?"母亲萨拉问。

"是的,妈妈,看看这个!"她回答,把书塞给母亲。

"看起来很棒。"萨拉说,"谢谢你带她去图书馆,爸爸。"

"你现在要写报告吗?"萨拉问女儿,"如果要写,你应该服用利他林。"

随着年龄的增长,我们的额叶也随之老化,我们无法像年轻时那

样容易集中注意力。但是在许多情况下，我们也可以集中注意力，只不过需要花费更多的精力。这有点像我们衰老的额叶有注意缺陷多动障碍，简称多动症。因此，如果你发现自己经常犯粗心的错误、不能完成日常事务、丢东西、容易分心、越来越难以集中或保持注意力，这可能是你的额叶老化所致。难以集中注意力是衰老过程中的正常现象，它们可能会导致你在日常生活中的记忆困难。要想确认你的记忆问题是否由注意力不集中引起，有一个方法是，试试更努力集中注意力，看看这些记忆力问题会不会解决（或得到很大程度的改善）。我们将在第6步中讨论提高注意力的策略。

兴奋剂可以帮助额叶集中注意力

萨拉给了女儿利他林，然后开始煮咖啡。

"爸爸，你想要一杯吗？"萨拉边问边给自己倒了一杯热气腾腾的咖啡。

"好的，谢谢。"杰克回答。

杰克的外孙女正在厨房桌子上写报告，而杰克和萨拉在客厅里喝着加了奶油的咖啡。

杰克问："利他林真的对她有好处吗？"

萨拉回答："是这样，我也不想她吃药，但毫无疑问，这确实有助于提高她的专注力。没有它，她就无法安静地坐着，她会从一个话题跳到另一个话题。"

杰克回想起前面外孙女和他随心所欲的谈话，说："是的，我明白你的意思。咖啡煮得很好，萨拉，谢谢！"

"谢谢爸爸。要知道，利他林和一杯咖啡没什么不同。两者都可以提神，帮助你专注于正在做的事情。"

"我从来没有那样想过。"杰克答道，他陷入了沉思，"这很有道理……以前上班工作到深夜时，每当我需要集中注意力，我都会喝咖啡，这样我就能专注于我的工作了。"

像利他林这样的温和兴奋剂可以帮助多动症儿童更清醒、更敏锐、更专注于一项任务。当额叶无法集中注意力时，一点轻微的刺激有时是有帮助的。尽管我们通常不推荐老年人服用利他林之类的处方药，但你可能会发现，一杯咖啡、茶或其他含咖啡因的饮料可以帮助你老化的额叶集中注意力，进而有助于形成和提取记忆。请注意，兴奋剂并不是越多越好。如果摄入过多，只会让你紧张不安，专注的程度实际上会下降。

老化的额叶难以存储信息

"萨拉，你觉得我的记忆力还好吗？"杰克试探性地问。

"噢，我不知道，爸爸。"萨拉回答，"就你的年龄来说，可能还算可以吧。为什么这么问？"

"好吧，你认识旅舍的山姆吗？他的妻子得了阿尔茨海默病，所以他现在把自己当医生，给别人诊断有没有这个病。"

"所以他认为你有阿尔茨海默病？"

"是的，"杰克叹了口气，"他认为我有这个病，或者快了。"

"那么，你记东西有困难吗？"

"会有，但是我不清楚是不是比同龄人严重。我不认为自己有这个病，但是山姆让我怀疑自己。"

"你记不住哪些东西呢？"

"嗯，你知道的，我工作时不是总去不同客户的家吗？我以前瞥一眼地址就能记住。现在，每当我需要记住一个新地址，我都需要记十遍，才能把它记住。"

"听起来问题不大。还有别的吗？"

"我记不住要做的事。我的意思是，我把事情记在日程表上，比如下周二去足球训练场接你的女儿，我要花很长时间才能记住。我现在总是一遍遍查看，确保我不会忘记我应该做的事情。"

"爸爸，如果我不用手机上的日程表来记录我所有的约会和女儿的活动，我也记不住的！"萨拉笑着回答。

"是的，但你不理解。我过去查看我的日程安排，即一天要做的所有事情——需要完成的工作、客户的姓名和地址——我会记住那一天要做的事情。但我现在再也做不到了。"杰克担忧地说。

与年轻时相比，你现在年纪大了，学习新知识更加困难，这是正常的吗？这当然属正常情况。我们之前讨论过，对于老化的额叶来说，集中注意力、吸收新信息，然后把信息输送到海马体绑定，存储于我们记忆中，整个过程不再像年轻时那样容易。重复信息可以

帮助我们克服老化额叶难以集中注意力的问题。因此，如果你需要查看几次购物清单、行车路线或日程安排才能记住，这完全正常。我们将在第6步中讨论提升注意力和记忆力的其他策略。

老化的额叶难以提取信息

萨拉想到父亲年轻时记忆力很好，她意识到他的感觉也许是对的，他的记忆力可能已经衰退了。他言谈中流露的担忧也让她有所触动。

"好的。"萨拉说，"我明白了，爸爸。相比以前，你学习新知识更加不容易了。你还注意到其他问题吗？"

"另一件真正困扰我的事情是，我很难记住别人的名字。"杰克回答，"我说的不是刚认识的人，这本来就很难。我说的是我认识很久的人，比如，我不记得我的一位高中哥们的名字……有一个人跟我讲起他的1964年雪佛兰黑斑羚，一辆红色双门轿跑车，425匹马力。我想告诉他，我高中的哥们有同样的车，只不过是一辆绿色的敞篷车，但是我怎么也想不起他的名字。讲到后来我才想起来。"

想不起名字是老年人最常见的问题之一。正如我们在第1章中所说，如果仅仅想不起人名和地名（专有名词），那一般是正常的。关键是，随着年龄的增长，即使存储的记忆，信息完整，提取信息通常也会变得更加困难。

有所了解的东西记起来更容易

听了父亲详细讲述汽车的故事后,萨拉开始大笑。

"有什么好笑的?"杰克问。

"你!"萨拉回答,"记住对你来说很重要的东西,比如汽车,似乎没有任何问题。"

杰克停顿了一下,思考萨拉的观点。"好吧,我觉得你说得对,我可以很容易记住对我来说很重要的事情。在我刚刚说的情况中,因为我一辈子都在关注汽车,所以当有人告诉我有关汽车的信息,我会很容易记住。"

我们发现,不论年龄多大,我们都更容易记住我们有所了解的东西,比如鲜花、食谱或电动工具。以汽车为例,当你吸收有关汽车的新信息时,你不需要完全从零开始记忆;大部分新信息可以与旧记忆缝合在一起。一些老年人在学习如何使用电脑或智能手机方面有困难,原因之一是他们之前没有使用此类设备的经验,因此也没有类似的旧记忆可以与新信息缝合。相反,他们需要形成全新的记忆,这对于老化的额叶来说更为困难。

重要的东西记起来更容易

杰克边喝咖啡边思考。

他说:"萨拉,你说得完全正确,我更容易记住对我来说重要的事情，我还记得你女儿出生时的情景，恍如昨日。我们一直在等消息，但当你妈妈和我接到电话说我们有了一个健康的外孙女时，我们很兴奋。我们刚洗完盘子，我正在擦盘子，手中的盘子差点掉了。当我把她抱在怀里，低头看着她熟睡的小脸蛋，我永远不会忘记那种感觉。你看起来很高兴……累，但是很开心。我记得你妈妈在笑，可惜她现在不在我们身边。看到她的外孙女那么快乐，那么健康，跑来跑去，干什么事都兴致盎然，她一定会很高兴。"

———————————◇—✦

有几个原因可以解释为什么我们更容易记住对我们来说重要的事情。首先，最重要的事件与情感有关，与非情感事件相比，我们更容易记住情感事件。我们也倾向于去回想对我们而言更重要的事情，重温脑海中的记忆。正如我们在第1章中所说，回想一件事情可以让记忆保持新鲜、容易提取。

随着年龄的增长，混淆记忆更为常见

"是的，有些事情我记忆深刻。"杰克说着，思绪从过去回到了现在："但有时候我会把事情搞混！就在上周，我和山姆约了一起吃午饭。我在旅舍里等他，这时我的手机响了，是山姆，他问我在哪里。我说我正在旅舍等他，他说他正在街那头的小餐厅等我。我以为是他弄错了，但当我回到家时，看到日程表上写着'在餐厅见山姆'，我想这就是山姆为我担心的原因。"

"把地点搞错了,这样的事情经常发生吗?"萨拉问。

"是的,错误的地点,错误的时间,这种事越来越频繁。我不知道这是否只是因为我年纪大了,但我想我要检查一下,我不能坐以待毙。"

我们已在第1章中讨论了各年龄段的人都可能出现记忆扭曲、混乱乃至完全错误的现象。然而,随着额叶的老化,这类混淆记忆状况将更容易发生。

小 结

额叶帮助我们集中注意力、存储和提取信息,并组织记忆。老年人的额叶不再像年轻时那样有良好的功能,这就要求我们投入更多的精力来集中注意力、吸收新信息、回忆信息或事件。兴奋剂(例如一杯咖啡)可以帮助我们集中注意力。如果我们已经对事物有所了解或者它们对我们很重要,我们就更容易记住。

我们已经对老年人的正常记忆问题有所了解,现在让我们回顾一下老年人经常抱怨的记忆问题。由于正常记忆和异常记忆之间的界限一般与记忆困难的程度有关,我们还将提供一些示例来说明何种情况为异常记忆。

- 逛了几小时后走出商场来到停车场,你必须要花一些时间才能找到你的车。

这是最普遍的记忆错误之一。一个常见原因是记忆形成时注意力不集中——比如当你停车或下车时，你在和朋友说话。

　　找了一个多小时不正常，需要帮助也不正常。

- 朋友告诉你去他家的路线。尽管路线不是很长也不复杂，但他需要重复三遍，你才能记住。

　　任何年龄段的人都可能需要重复信息以帮助记忆，这很正常。比起年轻人，重复信息对于老年人更加有效。因此，如果你需要查看几遍信息，不论是导航、购物清单还是人名，请不要担心。

　　但是，一旦你很好地掌握了信息，转眼又忘了，这是不正常的。

- 上周你看了一部非常喜欢的电影。你把它推荐给朋友，却想不起片名。你在脑海中反复回想，最后你想起来了。

　　难以提取信息当然再正常不过，而且随着年龄的增长，这种情况越来越频繁地出现。线索通常会起作用，无论是外部线索（他人或环境给我们的提示）还是我们脑海中形成的线索，它能够帮助我们回忆正在寻找的信息。

　　当我们得到有效的提示时，还是不能识别我们已知的信息，这是不正常的。因此，如果我们的朋友说出几部电影的名字，其中有一部是上周看过的，我们应该能够从中选出正确的名称。

- 你发现自己一天要多次查看日程表以记住日程安排。

　　假设你要赴两个、三个或四个约会，你需要查看几次才能记住，这完全正常。

　　如果你发现需要查看的次数明显多于以往，尽管如此，你有时还是混淆了记忆，最后在错误的时间或错误的地点出现，这是不正常的。

- 你期盼着明天与朋友杰基共进午餐，直到你查看日程表，发现明天与你共进午餐的是琼，你要下周与杰基一起吃午餐。

  把吃午餐的对象等信息弄混是很正常的，而且随着年龄的增长，这种记忆混淆更是家常便饭。

  然而，记忆混淆导致你在错误的地点或错误的时间出现，或者完全错过了某件事情，这是不正常的。

- 你与园丁会面，讨论你和配偶想种的植物。园丁报出10种不同的植物名称，问你们喜欢哪些品种。你正准备让他再说一遍，但你的配偶显然记住了所有名称，他（她）已经在问其中4种的搭配组合效果。

  如果你的配偶热衷于园艺，而你却无法分辨海棠和杜鹃，那么他（她）比你更容易记住植物名称，这完全正常。当信息涉及我们已知或擅长的事情时，我们更容易记住它。

- 你和波士顿的朋友一起看棒球比赛。波士顿红袜队击败纽约扬基队，夺得分区冠军。尽管你是个狂热的棒球迷，但你追的是华盛顿国民队。晚餐时谈论比赛，你发现朋友几乎能记住这一场比赛中的每一次击球，而你只能回忆起一些。

  信息对我们越重要，我们就越容易记住。对于一个红袜队球迷来说，没有什么能跟击败扬基队，拿下分区冠军相提并论，所以我们的朋友，一个来自波士顿的棒球迷，比我们更清晰地记得这场比赛也就不足为奇了。

- 几个月来，你每周上一次社区大学课程，你发现课前喝杯咖啡能够帮助你更好地记住上课内容。

当我们饮用咖啡、茶或含咖啡因的苏打水等温和的兴奋剂时，大多数人发现自己的注意力更容易集中。当我们的注意力更集中时，记忆力也会更好。

- 必须写下购物清单，否则不能从商店买回正确的物品。

大多数人需要写下购物清单，以便买回正确的物品。一旦你列好清单，它主要起提醒或检查的作用，这样你就不会遗漏。

如果你经常在商店买错东西，或者你经常购买那些你不需要的物品，比如说你不记得自己的橱柜里已经放了34罐豌豆，这是不正常的。

在第1步中，我们讨论了健康成年人（包括年轻人和老年人）正常的记忆问题，并将其中一些正常的与异常的记忆问题进行了对比。现在，我们准备进入第2步，进一步了解非正常的记忆错误、医生应做的评估以及何时需要转诊。

Step 2　第2步

判断记忆力是否正常

在第1步中,我们了解了有关正常记忆的知识,包括常见于年轻人和老年人的正常的记忆错误。在接下来的第2步,我们将学习如何判断记忆力是否正常,包括了解阿尔茨海默病中常见的思维和记忆问题的类型;如果你担忧自己的记忆力,那么如何去看医生。我们还将介绍评估包含哪些部分,这有助于厘清记忆丧失问题。

第3章

非正常的记忆问题有哪些？

本章将讨论一些可能由阿尔茨海默病引起的常见的思维和记忆问题。

自从华盛顿特区之旅中出现了记忆问题，苏陷入前所未有的恐惧，担心自己患上阿尔茨海默病。现在让我们来听听她和山姆的谈话。他们在当地购物中心的书吧见面。山姆的妻子玛丽是苏的朋友，已确诊阿尔茨海默病。

"谢谢你和我聊天，山姆。"苏说，"我想，谈论玛丽的病，你一定很难开口。"

"不不，其实我很高兴和你说这个。"山姆回答说，"我觉得在过去几年里，我学到了很多关于记忆丧失、阿尔茨海默病和痴呆的知识，很想与别人分享。比起前几年，现在医学诊断和治疗记忆丧失有了很大进步——如果说有解决记忆问题的好时机，那就是现在。"

"谢谢你，山姆，这真是好消息。"

"那你想知道什么？"

频繁迷路

"玛丽是怎么开始的？最初是什么症状？"苏一边搅拌着茶，一边试图掩饰紧张，看似漫不经心地问道。

山姆仔细看着苏，从她的眼睛里读出了忧虑。他低头看着咖啡，深吸一口气，然后回答："这个嘛，每个人都不一样。"他抬头望着苏，"但我认为玛丽是从开车迷路开始的。一开始我并不清楚，我只知道她从一个地方到另一个地方往往要花很久。玛丽也知道自己要花很久——她总是提早二三十分钟，甚至一个小时出发。我现在明白了，她提早出发是为了迷路之后还有时间找路，这样仍能准时赴约。回头想想，我也意识到她越来越少开车出门，活动范围也越来越小。起初她只是不再开车进城，接着她不再开车去陌生的地方，再后来连高速她都不想上了。我真的没注意，或者至少我觉得这没什么大不了。我是说，城里、高速的交通这么堵，谁真的愿意在那耗呢？真正让我警觉的是有一次，下午两点我接到医生办公室的电话，说玛丽没有赴一点的约。要知道，她中午就出发了，原本20分钟就能赶到。我开始担心：出事故了吗？她还好吗？几分钟后，玛丽哭着从门口进来，告诉我她找不到医生的办公室。你知道办公室在哪里吧。我的意思是，他也是你的医生，你知道确实有点难找。但玛丽去那里已经有10多年了！就是这件事让我意识到真的出问题了。"

任何年纪的人都可能会迷路。拐错了弯，到了一个陌生的地方，或找一个新地方，突然迷路了。不过通常情况下，你能够快速地纠正，比如停车问路，重置GPS，或者从杂物箱或手机里找出一张地图。无论如何，几分钟后，你就会找到方向，重新上路。

但对于阿尔茨海默病患者来说，一旦拐错弯，就很难回到正确的路线。由于记忆受损，几乎没什么路标看起来熟悉；由于思维能力受损，地图、GPS和手机应用程序用起来很费劲。你可以停车问路，但得到的信息往往太长、太复杂，记不住。因此，阿尔茨海默病患者开车去的地方越来越少了。疾病会削弱他们的独立能力，让他们去不了想去的地方。归根结底，本可以轻松到达的地方，你却迷路了，这是不正常的。

经常丢东西

苏一边品茶，一边想着玛丽迷路的事。可怜的玛丽，这对她来说一定很难。

"什么时候的事？"苏问。

"噢，那一定是五六年前了，那时玛丽75岁。"山姆回答说。

哇，玛丽挣扎的时间比我想的要长，苏心想。

"没想到这么早就有问题了。"苏说。

"一开始我们试图掩盖问题。"山姆一带而过。

"我以为阿尔茨海默病只是记忆问题，跟迷路无关，她有记忆问题吗？"

"有。"山姆一边说着，一边放下咖啡，"也许这就是接下来出现的一系列问题。她总是忘记家里的一切东西。这让她要花很长时间做准备工作——我是说准备时间比以前更长——因为她总是在找眼镜、找钱包、找钥匙、找手机。你知道……现在回想起来，忘东西和迷路几乎是同时出现的……当时我只是觉得她做事没有条理。"

"确实有一点，她总是这样。我敢打赌，这样的说法也掩盖不了问题。"

"是的，我想这只是一个借口，用来向我们所有人——包括我——甚至她自己解释丢三落四的问题。"

———————————————— ◇—✦

每个人都会时不时地乱放东西：钥匙、眼镜、皮夹、手提包、手机、公文包，等等。这些现象到底是正常的、典型的记忆失误，还是更严重问题的征兆，关键是这些现象的发生频率、严重性，以及是否干扰生活，是否不同于以往。比如说，同样的问题，一周三次花一小时找眼镜，对于永远都在找东西的人来说，这可能是正常的，但对于那些每年乱放东西不超过一两次的人来说，这是个重大变化，是不正常的迹象。

重复提问和重复讲述以前的经历可能是快速遗忘的标志

"你提到一堆记忆问题,还有其他问题吗?"苏问。

"重复她自己说过的话。"山姆叹气道,"她开始重复提问,重复讲述想跟我说的事,还有参加聚会的经历。起初,我以为这很正常,任何人一不小心都会这样。以参加聚会的经历为例,她脑海里会出现一段经历,也许是高中时代与朋友一起去参加舞会,最后跑到两个州以外的地方去了。这段经历很不错,但她可能会对同一个人重复讲两三遍。或者她会在一个小时内告诉我4次她在理发店里听到的事情。要知道,我一点兴趣也没有,所以我会告诉她:'玛丽,你已经说过了。'然后她可能会问我们将要和谁一起吃晚饭,我会告诉她,但之后她会一遍又一遍再问,我说:'玛丽,你在刚才的15分钟里问了我3次同样的问题。'"

重复提问和重复讲述以前的经历通常是快速遗忘的标志,是阿尔茨海默病的特点之一。尽管每个人都可能会忘记自己说过的话,可能会重复提问,可能会忘记问题的答案,但阿尔茨海默病患者往往会更频繁地重复。他们似乎很快就忘记了讲过哪段经历,问过哪个问题。另一个快速遗忘的例子是,忽略了一些重要事情,比如忘记关燃气灶或水龙头。如果这些问题发生得比以前更频繁,这通常是快速遗忘的迹象。

阿尔茨海默病破坏海马体

我们将在第3步第8章中对阿尔茨海默病展开进一步的讨论,但现在重要的是,我们要知道阿尔茨海默病是快速遗忘最常见的原因。即便年纪大了,快速遗忘也并非正常现象。如果出现快速遗忘,应该对其进行评估,因为这可能是得了阿尔茨海默病。为什么阿尔茨海默病会导致快速遗忘?因为它损害海马体,而海马体是形成和储存新记忆的地方。因此,患病以后,即使额叶接收与我们生活片段相关的新信息,并将其发送到海马体,但由于海马体受损,新的记忆并没有形成(或没有完全形成)。

记忆丧失常常引起抑郁和焦虑

"那些重复一定让你很沮丧。"苏同情地说。

"我承认这让人沮丧和恼火,但最重要的是,它令人非常不安。她明显有记忆困难,我无视它,我不想承认她有问题。我还想着,当她重复自己的话时,我可以指出来,让情况有所改善。"山姆说,他现在看起来有点不安。

"有用吗?"

"没有。更糟糕的是,我的纠正只会让她感到难堪。她不再想出去见人,怕自己重蹈覆辙。这可能是两三年前的事了。就在那时,她开始抑郁。"

发现自己记忆丧失、担心得阿尔茨海默病，很少有比这更令人不安、沮丧和焦虑的事情了。这些问题我们将在第3步和第4步中进一步讨论，现在我们只是想说明，人们变得抑郁和焦虑通常是因为意识到自己记忆丧失了。

计划安排事务出现困难

"我确实注意到玛丽不再安排丰盛的晚宴了。"苏说，"是因为心情不好吗？"

"其实这发生得更早。"山姆解释道，"她根本无法完成举办一场大型晚宴所需准备的所有事务。你可能没有意识到，上一次晚宴她就办得非常艰难。"

"的确，我记得那次晚宴她压力很大，不像往常一样放松自在、乐在其中。"

难以计划事务和组织活动，如举办晚宴、制订假期计划等，这可能是阿尔茨海默病或其他疾病的早期迹象。此类活动需要协调运用许多认知能力（包括记忆力）。

很难想起普通词汇

"那次宴会我还注意到玛丽比平时安静，是因为担心重复她自己说过的话吗？"苏问。

"不是。"山姆答道,"那个时候,更糟的是,她很难想起词汇,说话有些不自在。我指的不仅仅是人名,她很难想起一些普通词汇,比如……"山姆环视四周,"杯子、勺子、糖……诸如此类。想不出来的时候,玛丽觉得很尴尬,她不喜欢别人替她说出来。"

找词困难(即说话时找不到合适的词语)在阿尔茨海默病患者中极为常见。正常衰老的人会想不起人名、地名、书名、电影名和其他专有名词,而阿尔茨海默病患者会很难想起日常普通名词。这些困难可以表现为用词不当或用词不准(例如,鞋替代凉鞋,面包替代百吉圈),或者更常见的是,在脑中搜寻词汇时,便中断说话,朋友和家人往往会在停顿间歇替他们说出来。

苏回想着山姆刚才说的玛丽的早期症状。她自己有这些问题吗?她确实有时候会迷路,但通常能不太费力地找到回家的路。她经常记不起眼镜和记事本放哪里了,这种情况是不是比以前频繁了?不确定。她知道自己不再像以前那样请客吃饭了。这是阿尔茨海默病早期的征兆吗?她也注意到自己记人名比以前更困难了。苏能理解玛丽为什么变得沮丧。担心自己得阿尔茨海默病足以使任何人抑郁。

"这些就是玛丽刚开始遇到的主要问题。"山姆打断了苏的思绪,继续说道,"你还想了解些什么?"

"谢谢你,山姆,不用了,你已经帮了很多。"苏又把注意力转向了山姆,"很难知道哪些记忆问题对于我们这个年纪的人来说是正常的,哪些可能是阿尔茨海默病的征兆。现在我有了更多的了解。"

"如果还有什么问题,可以随时问我。如果你担心自己的记忆力,我建议你去检查一下,请医生尽快给你安排。"

"再次谢谢你,山姆,真的很感谢你的建议。"

小 结

通过本章,我们了解了阿尔茨海默病患者常见的思维和记忆问题,包括迷路、丢东西、难以计划事务、找词困难等。虽然正常衰老会导致额叶退化,使学习和提取信息变得困难,但阿尔茨海默病会损害海马体,导致快速遗忘——即使已经掌握的信息也会在几天、几小时甚至几分钟内永久丢失。我们还了解到,抑郁和焦虑在阿尔茨海默病患者中十分常见。

现在让我们回顾引言中提到的一些记忆问题,以及其他可能由阿尔茨海默病引起的问题。

- 看完电影一周后,很难记住电影的名字和部分情节。

我们在上一章讨论过,想不起电影名也许仅仅是正常衰老的现象,但想不起主要情节可能是一种快速遗忘的迹象(假设看电影时集中注意力),这也可能是阿尔茨海默病的征兆。

- 花太多时间寻找钥匙、眼镜、皮夹或手提包。

    如果跟以前相比，你现在找东西的时间要长得多，甚至影响到你准时参加活动，这可能是阿尔茨海默病的早期症状。

- 家人告诉你，你以前问过这个问题。

    重复提问也许是因为快速遗忘，这可能是阿尔茨海默病的迹象。

- 你开车上路，这条路线你已经走过20多遍，但你还是迷路了，不找人帮忙就到不了想去的地方。

    如果这是一条你已经走了很多遍的路线（尽管你已经有一段时间没有开车去过），但你最终迷路了，很难找回原路，这是令人担忧的迹象。

- 你一直都是家里的维修工，甚至把整个浴室都装好了，包括水管和电器。而现在，虽然你仍能换灯泡，但你发现自己修不了其他东西了。

    由于思维或记忆问题，你不能再做一些之前一直在做的日常工作，这也令人担忧。

- 尽管你从不擅长记名字，但现在你发现自己很难想起一些常用词，最后别人会替你补上。

    很难想起一些普通词汇（不仅仅是名字），别人注意到了，帮你补上，这也是令人担忧的迹象。

- 你一直担忧自己的记忆问题，并开始感到沮丧和焦虑。你的配偶鼓励你去检查，但你最好的朋友认为情况没有那么糟，建议你别放在心上。

    如果你很担心自己的记忆力，为此焦虑或抑郁，那就去检查一下。

现在你应该知道哪些记忆问题可能是由正常衰老引起的，哪些（如果有的话）可能与阿尔茨海默病有关。在第4章中，我们将进一步介绍正常衰老与阿尔茨海默病所体现的不同记忆丧失模式，以及医生可以做些什么来评估记忆问题。

第4章

医生应该做些什么来评估记忆力？

本章将介绍正常衰老与阿尔茨海默病所体现的不同记忆丧失模式。我们还将回顾医生评估记忆力的基本步骤。

影响日常活动或功能的记忆问题应该重视

我们上一次见到杰克时，他告诉女儿萨拉，他担心自己的记忆力，决定去做检查。杰克去找平常给他看病的医生，现在就让我们来了解一下杰克的情况。

杰克在诊室里坐立不安。他想：我太紧张了。这让杰克很惊讶，他喜欢他的医生，来这里很少会紧张。他皱着眉头想道：我想我是得了记忆丧失、老年痴呆之类的病症。

又坐立不安了几分钟，医生进来了。

"嗨，杰克，很高兴见到你。你今天怎么来了？"医生问。

"我担心我的记忆力，医生。"杰克回答。

"噢，你发现你的记忆力有什么问题吗？"

"情况没那么糟，但我记东西确实比以前困难了。"

"你能回忆起具体例子吗？"

"能。"杰克回答，"我刚刚跟我女儿提了一些事。我想我记性一直很好。我是一名电工，一辈子都在跑不同的人家，记地址从来没有任何问题，但是现在我需要把一个新地址反复记10遍才能记住。我要记住一个约定时，情况也是如此，我得记很多遍才能记住。"

"还有其他问题吗？"她问，声音听起来很镇定。

"有，我经常想不起名字，连我认识多年的好兄弟的名字都想不起来。"

"年纪大了，叫不出人名是很常见的，而且通常跟疾病无关。"她安慰道，"你还注意到了什么？"

"还有一件事，我总是出现在错误的时间或者错误的地点。就在上周，我去旅舍找山姆一起吃午饭，但其实我本该在餐馆与他碰面，直到他打电话给我，我才明白过来。"

"这么说你走错了地方？"她突然听上去很忧虑，"你以前犯过同样的错误吗，失约或者迟到？"

"我不确定自己以前有否失约过，但有一次去接练足球的外孙女，我确实记错了时间。周一下午我去中学球场找她，球场上只有男孩。我问了一个女孩子，女孩们在哪里，她告诉我她们周二才踢足球。回家后，我看了看日程表，发现我确实应该周二去接她。所以第二天我又去了一次。"杰克解释道。

"好吧,杰克,谢谢你和我一起回忆这些例子。你告诉我的每件事都可能与上了年纪后大脑发生的正常变化有关。但事实上,你的记忆困难已经影响了你的一些活动,比如与朋友一起吃饭、去接外孙女,我觉得我们应该检查一下了。"

◇ — ◆

正如我们在第1步第2章中所讨论的,有些类型的记忆问题可能是衰老过程中的正常现象,但它们也可能预示着更严重的问题。是否应该评估记忆问题的一个经验法则是,它是否会干扰你的日常活动。如果你发现自己错过了约会,或者出现在错误的时间或错误的地点,那你就应该检查一下你的记忆力。我们将在接下来的五个步骤中继续讨论,一旦我们了解了你的记忆出了什么问题,我们将能够帮助你学习如何改善你的记忆力和日常功能。医生的评估有助于了解记忆力是否出现了问题,如果有问题,医生还会提供不同的治疗方案。

旧记忆储存在大脑皮层

"医生,很高兴听你这么说。我想弄清楚我的记忆力情况,这样我就不用担心了。我有个朋友,山姆,住在旅舍,他的妻子得了阿尔茨海默病,他担心我也有这种病。医生,你不会觉得我有阿尔茨海默病吧?我是说,我可以告诉你我的每个朋友在高中时都开什么车。不可能得了阿尔茨海默病还记得这么久以前的事,对吧?"杰克紧张地问。

"先不要提前下结论。"医生平静地说,"我们需要做检查,看看结果如何。但我先回答你的问题,阿尔茨海默病主要影响新记忆的形成,旧记忆是不受影响的。我想澄清一下,我并不是说你得了阿尔茨海默病,但很多阿尔茨海默病患者都能很清楚地记得高中时代的所有事情,只是不记得昨天或上周发生的事。"

―――――――――――――――――――――――◇―◆

前面几章已经介绍了大脑中与记忆相关的两个部分:负责集中注意力、组织并帮助存储和提取记忆的额叶,以及负责绑定和暂时存储新记忆的海马体。现在我们将介绍最后一部分,大脑皮层,它位于大脑的外层。当一个新记忆形成时——比如对昨日晚餐的记忆——额叶把注意力集中在晚餐上,帮助海马体绑定记忆并暂时储存记忆。你对晚餐的记忆在海马体中保留几天或几周(有时更长),然后它慢慢转移到大脑皮层里一个更永久的存储区,与其他旧记忆保存在一起。我们对记忆从海马体转移到大脑皮层的过程了解不多,但我们知道这个过程需要睡眠(包括深度睡眠和快速眼动睡眠),这也是良好睡眠能促进记忆功能的原因之一(有关睡眠的更多信息,请参阅第3步第6章)。

在阿尔茨海默病早期,大脑皮层的旧记忆相对不受影响

在上一章中,我们讨论了阿尔茨海默病如何影响海马体,导致快速遗忘。但保存在大脑皮层中的旧记忆相对来说不受影响,尤其是在阿尔茨海默病早期。因此,阿尔茨海默病早期的典型记忆丧失模

式是：海马体绑定和存储新记忆的功能受损、海马体中新形成的记忆快速遗忘、大脑皮层的旧记忆得到保留。

血检和脑成像是评估记忆丧失可能原因的关键工具

"好吧，我明白了。"杰克垂头丧气地说，"仅仅记得高中的事并不意味着没有阿尔茨海默病。"接着，他语气变得坚定："那么我们该怎么解决这个问题呢？我需要做什么？你需要从我脑子里取样吗？我以前读到过，这是唯一的确诊方法……我准备好了，医生。"

"不，我们不会那样做。"她笑着回答，"尽管那样确实可以看出你有没有阿尔茨海默病。我想我们可以先给你的大脑拍张照片——磁共振成像或CT扫描，然后抽血。"

"你能从片子或血液中看出阿尔茨海默病吗？"

"不能，并不能确诊，但可以排除其他可能导致记忆丧失的原因。"

阿尔茨海默病并不是损害记忆力的唯一疾病。其他许多类型的疾病也会导致记忆丧失，所以医生检查你的血液和大脑中是否有异常迹象，这是一个重要步骤。血检应包括基本检查，确保血液中没有感染迹象或其他问题，还应包括一些特殊检查，确保你不缺乏维生素，甲状腺也没有问题。两种基本的脑成像扫描都可以很好地检查你的大脑结构：磁共振成像（MRI）和计算机断层成像（CT或CAT

扫描）。MRI使用强大的磁场和无线电波来检测大脑，CT扫描则使用X射线。比起CT，MRI可以更好地呈现图像，但两种检查都能显示大脑结构是否有问题。我们将在第3步第6章中更详细地讨论血检和脑成像扫描中发现的具体问题。

问卷调查有助于筛查记忆问题并确定记忆问题的性质

"我会让我的护士和你一起坐下来，对你的思维能力和记忆力做一个小小的纸笔测试。如果你有空，今天就可以做。"医生继续说。

"测试！"杰克惊恐地回答，"我想过可能会有测试，如果我没有通过，是不是就意味着我得了阿尔茨海默病？我不擅长考试，医生，从来都不擅长。"

"不，这并不意味着你得了阿尔茨海默病，只能说明你的思维能力和记忆力出了问题。尽你最大的努力，三四周后我们再看看最终结果。"

在候诊室等了15分钟后，护士把杰克带进了一个检查室，解释说："首先，我要问你一些问题（这些问题加了下划线——编者注），看看你是否注意到过去几年里因思维和记忆问题引起的任何变化。"

"好的，开始吧。"杰克回答。

"你有没有发现判断力出现了问题？比如，很难作决定，做了糟糕的财务决策，或者思维出了问题？"

"我想没有。我每月都从工会领退休金，房贷也还清了，所以我没有很多财务方面的事务要作决定。"杰克回答说。

"好的，明白了。你的业余爱好减少了吗？你参加活动的兴趣减弱了吗？"

"嗯，这很难回答……我一直在工作，大约三四年前才停下来，我从来没有真正的爱好。但我像往常一样割草、做家务，还和朋友们一起去打曲棍球。"

"好的，那这个问题的答案也是'否'。你有没有发现自己会一遍遍地重复同样的事情，比如重复提问，重复自己说过的话，重复讲述自己的经历，等等？"

"不，我想没有……至少，没有人说我有这样的情况。"

"学习如何使用工具、家用电器或小装置，如录像机、计算机、微波炉或遥控器等，有什么困难吗？"

"你扔给我任何工具，我都能用，但电脑——还是算了吧！我工作的最后一年，他们想教我用电脑，但我就是搞不懂，这是我退休的原因之一，可恶的电脑。"

"电脑的确会令人懊恼。"护士同意道，在表格的"是"一栏打上了勾，"年份或月份会忘记吗？"

"年月？这我不会。我可能会忘记今天是几号，但是年月我还是清楚的。"

"在处理复杂的财务事务时有困难吗？比如结算账单、缴纳所得税或者支付账单？"

"没问题，我想我从来没有拖欠过账单，一直按时结算账单。

自从我妻子去世后，缴税的事，一直是我女儿在帮我处理。"

"好的，很好。你会记不住事先约定的事务吗？"她问道。

"你问到点子上了。"杰克回答说，"我当时告诉医生，我很难记住约定的事务，最近我总是出现在错误的时间或错误的地点。"

"好的，明白了。"护士说，在表格的"是"一栏又打上了勾。"最后一个问题，平时在思维和记忆方面有问题吗？"

"平时？没有，我不认为我平时有思维或记忆方面的问题。"

"好的，杰克，那太好了。我们已经完成了第一件要做的事。"

——◇—✦

有关日常功能的问卷调查有助于筛查记忆问题，并确定记忆问题的性质。AD8是一份包含8项内容的问卷，用来检测由阿尔茨海默病或其他原因引起的思维和记忆变化方面的问题。以上对话下划线部分就是这8个问题。设计该问卷的医生发现，大多数回答否或只有一个"是"的人属于正常衰老，而大多数回答两个及以上"是"的人都患有某种类型的大脑疾病，如阿尔茨海默病。AD8是一份很好的问卷，可以由担心自己记忆力的个人填写，或更常见地，由家人填写。更多细节见下文。

认知测试是评估记忆问题的关键

问卷完成后，杰克放松了一会儿，护士拿出几张纸。她把其中一张纸对折，杰克能看到纸的上半部分。纸上有表示数字和字母的点状图，还有画着形状和动物的线条图。

"这是什么？"杰克问。

"一个简单测试，测试你的思维能力和记忆力。"看到杰克脸上焦虑的神情，她又补充道，"别担心，尽力就行。顺便问一下，你读了几年书？"

"一路读上来。"杰克说。见她没有回应，他又加了一句："读到十二年级。"

"很好，谢谢。"她说着，在纸的顶端写了"12"。接着她又拿出另一张纸，说道："首先连一条线，从一个数字到一个字母，从小到大。从这里开始连线，从1到A再到2，以此类推，到这里结束。"

"噢，我明白了。"杰克自言自语，"我们需要轮流连线数字和字母。"

杰克完成了交替连点测试，又做了护士要求做的其他事情，包括临摹形状图、画时钟、说出动物的名称。然后她把纸拿开，让杰克记住5个单词，并和他一起复习两遍。杰克能把这5个单词全部复述出来，他很高兴。护士打开计时器，告诉他，测试结束时她会再问一遍。接着，她要求重复数字，从头到尾，再从尾到头；让他听到某个字母时用手敲一下；从80开始逐一减7倒着数。护士又让他重复一些句子，说出他能想到的所有以字母B开头的单词。她还问了他几对不同事物的相似之处。

杰克发现他在某些项目上遇到了一点困难。不知怎的，他的大脑不想倒着做事情，不管是倒着重复数字还是逐一减7倒着数数。计时器响了，护士让杰克回忆5个单词。他想啊，想啊，努力回忆。"很抱歉，我一个也想不起来了。"杰克说，显然对自己很不满意。

"别担心。"护士回答，接着她又像分享秘密一样补充道，"我给你一些提示，其中一个是你吃的东西。"

"鸡蛋！"杰克惊呼。

"对啦！"护士鼓励道。

她继续给杰克提示，杰克很高兴他在提示下又答对了另一个单词。当护士给他三个单词供他选择时，他又答对了一个。

"所以我还是漏了两个词。"杰克失望地说。

"没关系。"护士和蔼地说，"医生让我给你做这些检查，是因为你告诉她你的记忆力有问题。如果你在测试中做得很好，那就说明这些测试不足以检测出你的问题。但其实你在某些项目上确实有困难，这说明我们给你做了正确的测试。说到测试，我还有几个问题要问你。今天几号？"

杰克告诉她日期，护士又问年、月、星期几，还有他们所在的地方和城市。杰克在日期上答错了。

"怎么样？"杰克紧张地问。

"你做得很好。"她安慰道，"倒数数字扣了1分，减7倒数扣了1分，单词扣了5分，日期扣了1分……"

"可我只漏了两个单词！"杰克争辩道。

"是的，但那是在我给了你一些提示之后。我们仍然要根据你能否在无提示的情况下回忆起这些单词来打分。"

"噢。"杰克又失望了。

"你得了22分,但因为你的教育水平,再加1分,所以30分里你得了23分。"

"高中毕业能加1分?"

"没错,因为你只有高中的学历,所以你才能得到额外的分数。"

"我第一次因为没上大学而得到奖励!"杰克笑着回答。他冷静了一下继续说:"那么23分可以吗?还是说我得了阿尔茨海默病?"

"比26分的正常值低了一点点。这确实表明你的思维能力和记忆力不如年轻时候了。"

评估思维能力和记忆力的测试,对识别非正常衰老现象的记忆问题至关重要。测试中的不同表现表明不同疾病,能够帮助医生识别记忆问题并确定记忆问题的性质。

随着年龄增长,阿尔茨海默病等出现记忆障碍的疾病变得十分普遍

杰克想着护士的话:……你的思维能力和记忆力不如年轻时候了。

然后他大声说,有点为自己辩护的意味:"嗯,我知道我的记忆力不如年轻时那么好了,但这不是很正常吗?我敢打赌,我

认识的人中有一半都有类似问题。"

"我不是专家。"护士回答,"但我的理解是,随着年龄增长,许多人都会出现记忆障碍,而他们中的大多数人甚至不知道这一点。所以你可能是对的,你认识的人中有很多人都有记忆问题——也许他们也应该做一下检查。"

杰克没有立即回应。他在想:如果山姆没有跟我提起,我也会成为他们当中的一员,有记忆问题而不自知……

随着年龄增长,心脏病、癌症和糖尿病的发病率会越来越高,同样,由阿尔茨海默病和其他疾病引起的记忆问题也越来越常见。据估计,在85岁及以上老年人中,约有一半患有阿尔茨海默病或其他导致记忆丧失的疾病。不能因为朋友的记忆力和我们一样差,就可以忽视我们自己的记忆问题。

小　结

随着年龄增长,记忆问题越来越普遍。如果记忆问题妨碍了日常活动或功能,你一定要去评估一下你的记忆力。旧记忆储存在大脑皮层,在阿尔茨海默病早期,这些旧记忆保存完整、可提取。评估的基本部分包括血检、磁共振成像或CT扫描、问卷调查和认知测试。

接下来用一些例子来说明我们在本章学到了什么。

- 一年多来,你一直在担心自己的记忆力。在过去的几个月里,你犯了几个小错误:你约了朋友一起吃午饭,但把这事儿忘了;掉头要去商店,结果迷路了,最后不得不开车回家。你在想是不是应该去找医生评估一下记忆力。

　　是的!如果记忆问题影响到你的日常生活,一定要去做评估。

- 你刚刚又"犯糊涂"了,忘记自己该做什么;你也注意到语言表达上的困难;在家找东西的时间更长了。不过你的大多数朋友都有同样的问题,所以这一定是正常衰老的现象,对吗?

　　不一定。随着年龄增长,阿尔茨海默病等出现记忆障碍的疾病很常见。如果你有明显的问题,而你朋友也有,也许你们都应该去检查一下记忆力。

- 你很难记住最近发生的事,比如上周和谁看电影,看电影之前去哪里吃饭。但你仍然记得童年和少年时期的很多事情,比如小时候住的房子、高中老师,还有过去常常和朋友一起跳过的一些舞。如果你的记忆力好到能记住高中的事情,那你一定没有阿尔茨海默病,对吗?

　　实际上,由阿尔茨海默病引起的典型记忆丧失模式是:旧记忆相对完整,近期记忆受损。童年的事记得很清楚,但上周的事却很难记住,这就是阿尔茨海默病等疾病的症状。

- 你跟医生提到自己的记忆问题,医生建议做磁共振、验血。但你有幽闭恐惧症,讨厌针头,你应该告诉医生你不想做吗?

　　不可以!脑成像研究和血检是评估记忆问题的重要手段。大多数人只要闭上眼睛放松片刻,就可以完成磁共振扫描。还有一种"开放式磁共振"扫描仪，有一个更大的空间。你也可以用CT扫描代替，CT扫描仪的空间非常大，扫描速度很快（通常不到5分钟）。

- 医生想让你做一个思维和记忆测试。但你不想做，而且测试前你总会焦虑，所以测试结果可能是无效的。你应该做测试吗？

    应该做。思维和记忆测试是记忆丧失评估的重要组成部分。在记忆测试中，焦虑和记忆障碍有不同的症状表现，因此即使你感到焦虑，测试结果仍然有效。

- 在告诉他人（甚至医生）你有记忆问题之前，你想自己筛查记忆问题，可以吗？

    可以。许多问卷可以作为自我筛查的工具，只要你确定不会自欺欺人。你可以做上面提到的AD8问卷，只需问自己上面对话中有下划线的问题。

我们已经了解了基本记忆评估（由初级医疗机构来做）的组成部分，接下来的第5章将会介绍何时需要进行更专业的评估以及这种特别评估包括哪些内容。

第5章

何时需要特别测试和评估？

大多数思维和记忆评估都可以由初级医疗机构来完成。然而，有时也需要专家的评估。在本章和下一章中，我们将讨论何时需要专家评估，以及他们通常是如何评估的。

担心你的记忆力，就去做检查吧

我们上一次提到苏时，她和山姆会面，想进一步了解他妻子玛丽开始出现阿尔茨海默病症状时遇到的一些问题。听到玛丽的情况后，苏担心她自己也有类似的问题，于是她听从山姆的建议去看医生。现在苏准备去看医生了，我们去看看情况。

苏看了看记事本，9点15分去看医生，11点去美容院，12点半和朋友在购物中心吃午饭。她想：如果医生准时，我开车也没有走错路，那这个时间应该没问题。为了确保一路顺利，苏走到电脑前，打印了一张地图，上面有每个约会的地点。这下好了，就算路上有一点堵，一切都会正常进行。苏决定把地图和记事本一起塞进手提包，以防万一。接着她打开通讯录，查看之前关于朋友的笔记，提醒自己与她们见面时可能会提到的重要信息——比如她们的工作，她们的配偶和孩子的名字。她把通讯录也塞进了手提包。

苏开车去看医生了，一路上并没有看地图。

"非常感谢你在定期体检之前见我。"苏对她的医生说。她又试探性地问道："我不知道是不是哪里出了问题，我越来越担心自己的记忆力了。"

"你发现了什么问题？"医生问。

"跟以前比，甚至跟几年前相比，一切都更难了。我仍然能够购物、结算账单、支付账单，只是这些事花了我更长的时间，而且似乎越来越费劲。"苏解释道，"对我这个年纪的人来说，这正常吗？"

"当然正常，"他回答道，"还有别的困难吗？赴约有问题吗？"

"情况一样。就我所知，我还没有失约过，但我需要花更多时间来记住和准备约会。我确信，如果不格外小心的话，我就会失约。"

第4章提到，若是记忆问题影响你的日常活动或功能，就应该去作评估。但这并不是作评估的唯一原因。另一个原因是，你自己或身边的人担心你的记忆力。别等到记忆问题发展到足以损害你的功能时再采取行动。

做事更费劲可能是记忆丧失的早期迹象

你是否发现完成每周的日常事务越来越困难了？有很多原因可以解释为什么靠思维能力和记忆力完成的日常事务现在对你来说比以前更难了。正如前文所说，在正常的衰老过程中，额叶的功能逐渐下降。因此，随着年龄的增长，完成日常工作不像以前那样容易，这很正常。

然而，事后来看，大多数有记忆障碍、无法完成一项或多项日常事务的人，他们经历了一个过渡阶段，在此期间他们仍能完成这些事务，只不过更加费劲了，这也是事实。因此，如果你也是如此，请给自己敲响警钟。那我们怎么知道，这种费劲是正常的衰老现象还是记忆障碍的一种迹象？这可能很困难，通常需要专家来回答，这也是本章和下一章讨论的内容。

对于受过高等教育、聪明绝顶、有学习障碍或有不同文化背景的人来说，筛查测试可能并不准确

"你的记忆力怎么样？"医生问。

"一方面，我觉得很糟糕，跟年轻时相比，我现在越来越记不住事情了。说到名字，别提了——老朋友的名字都记不住。但另一方面，我知道我的很多朋友都有类似的情况，所以我想这可能是正常的。"苏回答。

"问一下，苏，你上过大学，对吗？"

"是的，后来我又获得了教育学硕士学位。"

"好的，我想我们应该这么做。在过去的几年里，我了解了一些关于记忆障碍的知识。你很聪明，虽然我可以给你做一些简单的测试，但我担心这些测试可能不足以检测出你目前可能存在的任何细小问题。换句话说，因为你相当聪明，可以在这些测试中获得正常的分数，但其实存在一些细小但真实的问题。我不想放过任何可能治愈的疾病，所以我将把你转诊到一个专门的记忆中心，那里的神经科医生和神经心理学家可以仔细评估你的思维能力和记忆力。"

在分析思维和记忆测试结果时，我们需要考虑智力以及其他因素，如文化程度、职业、以前是否有学习障碍等，所以初级医疗机构可以快速做的筛查测试并不适合所有人。有时筛查测试会提示存在记忆障碍，而实际上这是由终身学习障碍或其他因素导致的。对于基本思维能力和记忆力都不错的人来说，筛查测试也常常会漏掉一些细微但非常真实的记忆丧失迹象。在这些情况下，最好去看神经心理学家或其他记忆专家。

神经心理学家评估思维、记忆和行为

几周之后，苏和丈夫约翰坐在记忆中心的候诊室里。

"我不太清楚他们为什么要你和我一起来，但我很高兴你能来。"苏握着约翰的手对他说。

"我也很高兴和你一起来。"约翰一边回答,一边轻轻捏了捏她的手。

几分钟后,一位医生向苏和约翰作了自我介绍,领他们进了一间办公室。

"请坐,"当他们走进房间时,医生指着两把椅子,友好地说,"很高兴见到你们。我是一名神经心理学家。也就是说,我通过交谈、纸笔测试和问卷调查,专门研究大脑疾病如何影响思维、记忆和行为。"

苏点点头,有点紧张。

神经心理学家继续说:"在记忆中心,评估的第一步通常就是跟你交谈。"她看着苏说道,"这样我可以很好地了解你察觉到的所有思维和记忆方面的异样问题。我还会问你一些基本问题来了解你的背景情况。然后我的助手会花一个半到两个小时和你一起做一些思维和记忆的纸笔测试。为测试打分时,我们会把你的分数与那些有着相似背景的同龄人进行比较,看看你的表现是否符合我们的预期。在你做测试的时候,如果可以的话,我想花几分钟和你丈夫聊一聊他观察到的你在思维和记忆方面的变化。这需要一天时间。在你走之前,我们会为你做脑部磁共振扫描和血液检查。复诊的时候,你将先与我们的神经科医生见面,他会分析你的磁共振扫描报告和血检报告,进行医学和神经学评估。然后你会再次和我见面,回顾测试结果,说说我们的想法,最重要的是,讨论我们能做些什么来帮助你。这个安排听起来怎么样?"

"不错。"苏一边大声说，一边想：我终于要知道我的记忆力是不是出问题了。

神经心理学家在使用、分析纸笔测试和问卷调查以帮助诊断大脑疾病方面，接受过高级培训。神经心理评估因素包括一个人的受教育年限、文化差异、以前是否有学习障碍、目前或以前是否有精神障碍，以及其他可能影响个人在思维和记忆测试中表现的因素。大多数测试并不是简单地以"及格"或"不及格"划分，测试结果将与其他年龄相仿、背景相似的人进行比较。因此，同样的测试结果对80岁的人来说可能是正常的，但对50岁的人来说则可能是有问题的。一旦神经心理学家更好地了解了一个人的思维和记忆的相对优势和劣势，他们还会对人们在日常生活中可以做些什么来改善他们的功能提出具体的建议。

在交谈中寻找可能与阿尔茨海默病或其他疾病有关的问题

"你的医生把你转诊到这里，那么，你在思维和记忆方面有什么问题？"

苏把向她的医生提到过的问题又重复了一遍：做事比以前更困难、更费劲，记忆力不如年轻时候了，很难快速说出别人的名字，有时十分尴尬。

"还有别的吗？会忘记关燃气灶吗？有没有发现自己重复询问同样的问题或重复讲述经历的事情？"

"没有，我觉得这些事都没发生过。"苏回答道，看向丈夫约翰求证。

"对，我也没有发现。"约翰表示同意。

"有没有发现自己想不起词汇——不仅仅是名字，还有像'桌子'和'凳子'这样的普通词汇？"神经心理学家指着房间里的家具继续说道。

苏想了想，回答说："没有，我认为自己在日常用语上没有什么困难……至少不比我过去30年来遇到的困难多。"

"迷路过吗？"

"没有，但我出发前确实会在地图上看看我要去的地方，尤其是陌生的地方，或者我已经有段时间没去过的地方。"

"计划和组织活动有困难吗？"

"噢，这是另一件变得更费劲的事情。为几个朋友准备晚餐对我来说没有什么问题，但我得承认，我没有精力像过去那样策划大型聚会或慈善活动。"

"好的，策划和组织小型聚会没有问题，但组织大型聚会可能还是有点困难？"

"是的，就是这样。"苏确认道，"现在策划一场大型活动让我感觉力不从心。"

"情绪上有什么变化吗？"

"没有……除了担心我的记忆力。"苏坦白道。

"这完全可以理解。希望我们完成评估时，你能了解自己目前的记忆力状况，也就不必为此焦虑了。"

神经心理学家稍稍改变语气，继续说："所以最主要的问题是，你觉得记忆力不如从前，很难叫出别人的名字，完成日常事务更费劲，策划和组织大型活动感到力不从心，还会对自己的记忆力感到焦虑，对吗？"

"是的，你总结得很好。"苏确认道。

"好的，现在我要问你几个背景问题。你已经80岁了，对吧？"

苏点点头。

"受教育水平是？"

"我有教育学硕士学位。"

"太棒了，教过书吗？"

"在孩子出生之前，我大概教了10年八年级英语。"

"那一定是个挑战。"

"我喜欢那个年龄段的孩子——学生们处在自我探索的年纪。"苏解释说。

"那之后有在外工作吗？"

"有，但不是为了赚钱，我在当地的慈善机构做过一些工作，曾经组织过募捐活动。"

"太好了，这很有帮助。现在跟我来，我把你介绍给我的助手，他将和你一起完成我刚刚说的纸笔测试。"神经心理学家转向约翰说："请稍等片刻，我马上回来，待会儿聊聊你对你妻子的思维和记忆的印象。"

神经心理学家和其他记忆专家会从一般性的问题开始，然后询问一些可能揭示大脑疾病的具体的思维和记忆问题，其中包括我们在第2步第3章中了解到的由阿尔茨海默病引起的思维和记忆问题。

作评估时带上家人（或密友）

一分钟后，神经心理学家回到办公室，问约翰："你对你妻子在思维和记忆方面的表现有什么印象？"

"她已经80岁了，已经算不错了。"约翰回答，"我的意思是，我们这个年龄的人都有一些记忆问题，对吧？"

"那我换个方式问。你认为过去几年里她的记忆力下降了吗？"

"这个嘛，你要知道苏很聪明，她的记忆力一直很好。她很谦虚，不会告诉你，但我知道她在大学里成绩是全A。她提到的那些慈善活动其实是需要协调好几个组织的大型活动。我能告诉你的是，过去她的记忆力比我强得多。她能在头脑中记住要买哪些东西，我就不行——我总是要把一切都写下来。在过去的几年里，我发现她也需要列个清单，否则她也可能记不住。请注意，她在购物方面并没有什么问题，但我确实觉得她有改变了，她现在依赖购物清单。"约翰回答道。

"这个信息很有用。你还注意到其他变化吗？"

"还有一件事，她对新技术没那么容易上手，无论是尝试浏览新网站，还是摆弄刚买的新手机——尽管我承认，我一直是家里的技术通。"

"你注意到她的行为或性格有什么变化吗?"

"没有,没变化。她还是那个苏。"

"你觉得她的心情如何?会抑郁吗?"

"这是个好问题。就跟她说的那样,她真的很担心自己的记忆力,可能会沮丧,但我不确定。她现在没有多少精力,但谁会在80岁时还精力充沛呢!"

"好的,谢谢你提供这些信息。我想让你做的最后一件事是填写一份调查问卷,关于你妻子日常生活中的各种活动,从饮食、穿衣到理财,无所不包。"

"我会完成的。感谢你的帮助。"约翰握了握医生的手,拿起夹着调查问卷的写字板。

"不谢。等苏做了磁共振扫描、血液检查,并见过神经科医生后,我们两三周后再见面。"

医生在评估记忆问题时,要与来访者的家人或密友交谈,这很重要,原因主要有两个。首先,当一个人有记忆问题——即使是轻微的记忆问题,也很难记住所有遗忘事情的时刻。所以当你要评估记忆力时,要带一个很了解自己的人。其二,与家人或朋友交谈可能有助于识别某些行为或性格上的变化,这些变化可能本人不想说或者没有意识到。它们包括饮食、卫生习惯或衣着的改变,还可能包括不恰当行为、易怒行为或攻击性行为。了解这些变化对医生来说非常重要,它们可能表明一种不寻常的记忆障碍,我们将在第3步第

10章中讨论这个问题。了解行为上的变化也很重要，这样可以尽早治疗。

神经心理测试评估与大脑的不同网络和区域相关的思维能力和记忆力

当神经心理学家与约翰谈话时，苏正和神经心理学家的助手一起做纸笔测试。

"接下来一个半小时左右，我们将进行思维和记忆测试。"助手解释道，"有一点需要说明，在以下大部分测试中，没有人能得到完美的分数，所以仅仅有一个错或在某些部分做得不够好，并不意味着出了问题。"

"你是说按曲线（比例）评分？"苏问。

"是的，没错。你的分数将与年龄相仿、教育背景大致相同的其他人进行比较。"

"嗯，这让人安心。"苏说。

"准备好了吗？"

"当然，开始吧。"

"好的，第一个测试，我只想让你大声朗读这些单词。"

苏开始读单词，她意识到只有遇到像"刀"这样熟悉的单词时，她才知道如何正确地发音。接下来，苏顺着、倒着重复一些数字。然后，她使用页面顶部的代码，以最快的速度在小方框里写下与数字对应的抽象符号。助手还让她记住两个短故事，短时间内尽可能准确地复述，30分钟后再复述一遍，接着记忆一列单词。助手还让她照着画一些线条、形状和图形，有些图形很简单，有些很复杂。她还要分别在一分钟内尽可能多地说出以字母"W"开头的单词、以任何字母开头但必须属于特定类别（如"颜色"）的单词。之后，助手要她说出一系列线条图的名称。接下来，苏做了几个不同的连点测试，这些测试变得越来越有趣。

之后，助手让她整理一副特殊的纸牌。"但你还没告诉我怎么分类。"苏说。

"这是测试的一部分，由你自己分类。"

最后，苏拿到一些调查问卷。她一眼就看出这些问卷是调查她是否感到焦虑或抑郁。苏如实地回答了。

苏发现很多测试都很有趣，尽管有些令人沮丧，有些回答得很匆忙。"我很久没有考试了。很高兴你提醒我，没有人能得到完美的分数，我担心很多测试的结果都不好。我做得好吗？"

"这个，现在还很难说。给你所有的测试打分，我需要一些时间。请记住，我们要把你的分数与你的同龄人，且与你有相同教育背景的人进行比较。"

"好吧，明白了。我得等结果出来再看。"

神经心理测试包括多项测试，每项都从一个不同的维度测试思维能力或记忆力，也就是说，每项测试所需的能力都与大脑不同区域的特定网络有关。通过这种方式，神经心理评估的不同测试可以显示大脑不同部分的运行状态——哪些功能正常，哪些受损。不同

的疾病会损坏大脑不同的区域，因此，了解健康和受损的区域有助于判断疾病的类型。例如，记忆故事或单词的测试，评估的是记忆系统。我们在前面的章节中讨论过，记忆系统依赖的神经网络包括：帮助组织、存储和提取记忆的额叶；绑定和储存新记忆的海马体；储存旧记忆的大脑皮层。因此，如果你在记忆新信息的测试中遇到困难，我们想知道是额叶还是海马体功能异常。如果要回答这个问题，需要附加一些测试。由于个体症状、疾病考量、背景、年龄和受教育程度不同，每项神经心理评估，包括所做的测试，都会有所不同。

小 结

在本章中，我们了解到由于一些常见原因，有些人可能需要进行特别的记忆测试和评估，而不是在初级医疗机构中所作的一般测试和评估。我们还了解了神经心理学家的工作，以及他们如何判断你的记忆力是否正常，如果不正常，为什么不正常。如果你几乎没有受过教育或者受教育程度很高，如果你有学习障碍，如果你来自不同的文化背景，或者长期患有精神疾病或其他影响思维或记忆的疾病，那么对你来说，找神经心理学家评估记忆力至关重要。最后，如果担心自己的记忆力，那就去作检查吧。不要等到记忆功能完全丧失再采取行动。

接下来用一些例子来说明我们在本章中学到了什么。

- 以前你只需早上查看日程表就可以记住当天的日程安排,现在你发现自己需要随身带着日程表才不会忘记。这只是衰老的表现吗?

  你觉得自己需要付出更多努力(比如比过去更多地使用日历、笔记、便签、谷歌地图或GPS设备)才能完成那些需要思考和记忆的日常事务,这可能只是正常衰老的表现,但也可能是记忆丧失的最初迹象。

  底线:如果你发现自己明显地花更多时间和精力完成那些依赖思考和记忆的日常事务,那么最好去检查一下记忆力。

- 你是个67岁的老行家,但发现自己越来越难记住客户告诉你的信息。你去看你的日常医生,他让你做5分钟的思维和记忆测试。你的得分在正常范围内,你应该确信自己的记忆力是正常的吗?

  不能。如果你非常聪明或受过高等教育,又担心自己有问题,那么神经心理测试才是评估你思维能力和记忆力的必要手段。

- 你在学校里一直成绩不好。你总想知道自己是否有学习障碍,如诵读困难或注意多动障碍。随着年龄的增长,你的记忆力越来越差。你的日常医生让你做一个简短的思维和记忆测试。你发现自己做测试和在学校考试一样困难,最后得分不在正常范围内,医生诊断你为痴呆。你应该去看专家吗?

  是的。仅仅通过简单的筛查测试很难区分某些类型的学习障碍和记忆问题的早期症状,神经心理评估有助于区分由于长期学习障碍引起的问题和由于记忆障碍引起的问题。

- 你告诉你的日常医生你有记忆问题,他推荐你去看记忆专家。到了诊所后,你发现记忆专家是一位精神病医生。这是否意味着之前的医生认为你患有抑郁症或精神病，或者你的记忆问题只是"脑袋里的幻想"？

完全不是。记忆专家可能是神经科医生和神经心理学家，也可能是精神病医生或老年病医生。

精神病医生是在精神和行为障碍方面受过专门训练的内科医生。

老年病医生是先研究内科，再专门研究老年疾病的内科医生。

- 你担心自己的记忆力，约了一位记忆专家。预约时，他们请你带上一位家人或密友，但你不想带，因为你还没有告诉任何人你的担忧。你需要带人去吗？

了解你的人可以从旁观者的视角判断你的记忆力是否随时间而改变，也会提醒一些你可能不记得的遗忘事例。如果你真的不想有人陪你，那么自己去总比不去要好。

随着本章进入尾声，我们也已经完成了第 2 步：判断你的记忆力是否正常。现在你已经了解了阿尔茨海默病的典型症状，这是记忆丧失的最常见原因。我们还讨论了初级医疗机构可以提供的基本记忆评估包括哪些部分，什么时候需要记忆专家，以及神经心理学家在专门记忆评估中的作用。接下来第 3 步，我们将了解记忆丧失的不同原因。

请注意：如果已经阅读第 1 步和第 2 步，你确信自己的记忆力在本年龄段是正常的，你想直接了解如何维持正常的记忆力，甚至增强记忆力，那么请直接跳到第 5 步——调整生活方式和第 6 步——增强记忆力。

Step 第3步 3

了解记忆丧失的原因

在第1步和第2步中,我们已经了解如何区分衰老过程中正常的、常见的记忆问题和可能预示着阿尔茨海默病或其他疾病的记忆问题,也了解了记忆评估的基本组成部分,通过评估可以找出记忆丧失的原因,以及何时需要进行更专业的评估。第3步,我们将进一步介绍记忆丧失的不同原因,包括阿尔茨海默病、血管性痴呆、路易体痴呆,以及那些可逆的记忆丧失原因。我们还将讨论"痴呆""轻度认知障碍"和"主观认知下降"等术语的含义。

第6章

我的记忆力会改善吗？哪些记忆问题是可逆的？

我们将在本章介绍许多常见的（在某些情况下是可逆的）记忆丧失原因，医生应该将其作为记忆评估的一部分。

神经科医生诊断和治疗大脑疾病

我们上一次提到的苏，她刚刚完成了神经心理的纸笔测试，做了磁共振扫描，验了血。两周过去了，现在她正和丈夫约翰在记忆中心的办公室里与神经科医生会面。

"我是一名神经科医生，我在评估中的作用就是找出可能导致思维和记忆问题的医学和神经系统疾病。我已经和我们的神经心理学家谈过了，所以我了解你和她讨论过的情况。我想先回顾一下你的病史，然后做一个简单的身体检查和神经系统检查——听听心肺、检查反射等，再一起看看你的血检报告和磁共振扫描报告，看看里面有什么信息。然后我要出去一会儿，和神经心理学家讨论一下,我主要关注医学和神经学方面的问题,她着重关注认知和心理学方面的问题,看看我们能否找出你的记忆有什么问题,最重要的是,有什么改善措施。稍后我们会把我们商量后的意见告诉你,怎么样?"

"听起来不错。"苏说,试图掩饰自己的紧张。

神经科医生是专门诊断和治疗大脑和其他神经系统疾病的医生。当评估一个病人的记忆障碍时,医生一边查看病史、目前的用药情况、个人习惯、生活方式、家族史、身体和神经系统检查报告、血检报告和脑成像报告,一边留意任何可能干扰记忆的因素。请注意,虽然一般的记忆评估不需要神经科医生或其他专家,但如果评估很复杂,或者常规评估没有给出答案,那么去看神经科医生可能会有所帮助。有些但并非所有的神经科医生专门研究记忆障碍,所以如果你要去找神经科医生看看你的记忆问题,一定要确保这位神经科医生受过记忆障碍方面的训练。

药物副作用会损害记忆

"我想先回顾一下你的病史。我面前有你的初级保健医生的最新记录,上面写着你有高血压,胆固醇也高,对吗?"

"是的,我吃了药。"苏回答说。

"好的,赖诺普利和辛伐他汀,对吗?"

"是的,没错。"

"还服用其他药物吗？"

"没有，只是补充了一些复合维生素。"

"还有其他非处方药吗？"

"头痛的时候服用布洛芬，睡眠不好就服用非处方安眠药。"

"失眠的频率怎么样？"

"噢，一周大概有三四个晚上吧。"

"那我们谈谈你的睡眠吧。是难以入睡、睡得不踏实，还是醒得太早？"

"只是入睡困难。睡着了就没事了。"

"打鼾吗？睡着的时候会翻来覆去吗？做梦时有肢体动作吗？"

"不打鼾，也不乱动……对吧，约翰？"苏转身向约翰问道。

"是的，不打鼾，不乱动。"约翰确认道。

"好的，只是入睡困难。让我们简单回顾一下你的睡眠习惯。你早上几点起床？"

"大约8点钟。"苏回答说。

"白天午睡吗？"

"下午可能会躺下闭目小睡30分钟。"

"晚上什么时候上床睡觉？"

"大约10点钟。"

"那就是晚上睡10个小时，再加午睡半小时，总共是十个半小时。"神经科医生计算道，"平均而言，人们每晚大约需要8个小时的睡眠，有些人需要更多一点——可能是9个小时，有些人少一点——可能是7个小时。十个半小时的睡眠时间可能过多了。"

"但我年纪大了,难道不需要更多的睡眠吗?"苏问。

"不,这是一个普遍的误解。对于绝大多数老年人来说,6—9小时的睡眠时间是合适的。我猜你之所以难以入睡,只是因为你强行让自己入睡,其实你的身体并不需要这么多睡眠。"

"那你有什么建议吗?我应该停止午睡吗?"

"这取决于你,我的建议是保持30分钟午睡,但试着晚睡,或早起,或晚睡早起。"

"你为什么不试着像我一样,11点上床,7点起床呢?"约翰插话。

苏想了想,说:"那就是晚睡一小时,早起一小时,总共睡八个半小时。"

"听起来很完美。"神经科医生表示同意。

"我怕我会很累,但如果你觉得这很重要的话,我会试一试。"

"我确实认为这很重要。我之所以抽出时间问你的睡眠,是因为睡眠对记忆非常重要,而你服用的那些非处方安眠药,在服用后的一两天内,实际上会损害你的记忆。"

"真的吗?"苏惊讶地问。

"是的,因为里面有抗组胺剂。如果你有睡眠问题,一个月服用一到两次不成问题,但每周服用三到四次肯定会损害你的记忆力。"

"好的,我明白了。"苏回答说,"我会坚持八个半小时的睡眠,一个月只服用一两次安眠药。"

无论是处方药还是非处方药，药物的副作用是记忆受损最常见的原因之一。任何让你昏昏欲睡的药物，或带有"服用此药期间切勿操作重型机械"警告的药物，都可能导致思维和记忆问题。在医学实践中，我们发现，可能损害记忆的最常见药物包括大多数安眠药（非处方药或处方药），以及许多的感冒药和过敏药、抗焦虑药、处方止痛药（通常含有吗啡或类似药物）、肌肉松弛药和治疗失禁的药物。如果你正在服用一种或多种这类药物，并不意味着它们一定会导致你的记忆问题，只是你应该和医生谈谈这种可能性。此外，即使你正在服用的药物干扰了你的记忆，但为了你的整体健康，还是应该服用。不过，即使需要继续服用药物，了解它是否是你记忆困难的原因仍然有好处。最后，如果你想停药，应该和医生谈谈。如果你突然停药，而不是慢慢减少药量，会引发非常严重的问题——比如癫痫。

可能干扰记忆的药物种类

- 安眠药
- 感冒和流感药
- 过敏药
- 抗焦虑药物
- 麻醉止痛药
- 肌肉松弛药
- 治疗失禁的药物

注意：如果你正在服用这些药物，应该和医生谈一谈。在没有咨询医生的情况下，不要停止服用处方药。

降低胆固醇的药物不会导致记忆问题

你可能会注意到，降低胆固醇的药物，又称"他汀类药物"，并不在上述干扰记忆的药物之列。虽然医学文献中有相互矛盾的说法，但我们认为他汀类药物不会导致记忆问题。

最有力的证据来自一项研究，该研究评估了他汀类药物是否真的能改善记忆，经过小心求证后发现，他汀类药物不会改善记忆，但也不会损害记忆。所以，如果你正在服用医生为降低胆固醇而开的他汀类药物，我们建议你继续服用。

睡眠对记忆力至关重要

"我没想到睡眠对记忆力这么重要。"苏说。

"是的。它的重要性至少体现在两个方面。第一，如果你晚上没有睡够，第二天就会很累，无法集中注意力。集中不了注意力，就不能像平时那样记住新信息。这就是第一个原因。"

"有道理。那第二个原因是什么？"

"第二，当我们睡觉时，短期暂时的记忆会变成长期、更永久的记忆。如果我们睡不好，那么记忆传输过程就不能有效地进行。"

"竟然是这样！"苏惊呼道。

"我们发现对于中年人或年轻人来说，睡眠不足是引起记忆问题的最常见原因之一。当今社会，许多人忙于学业、工作或家庭，睡眠时间不足。你会惊讶地发现，很多人每晚只睡5个小时就起来工作。我给他们的建议总是："如果你想提高记忆力，试着每晚多睡几个小时。"每个人都不一样，一些人6个小时就足够了，其他人可能需要7个或8个小时。5个小时实在太少了。"

"十个半小时又太多了。"苏笑着补充道。

在第1步和第2步中，我们讨论了额叶对于集中注意力的重要性，注意力集中后各个感官才会收集信息，海马体再把这些信息绑定在一起存储为记忆。为了让额叶完成这项重要的工作，你需要保持清醒，充分休息。想象一下你和朋友一起吃早餐。一夜好眠后，你会观察到并记住一些信息，比如你点的早餐（格兰诺拉麦片和混着浆果的酸奶）、朋友点的早餐（单面煎蛋、培根、土豆饼）、朋友的谈话内容（她孙女刚上大学，加入了一个参与慈善工作的联谊会）、你告诉她的事情（你一直在看一本关于环境的新书），甚至还可能记得服务员的名字。现在试想一下，前一天晚上你睡得不好，精神不佳，疲惫的额叶将无法集中注意力，无法准确观察到所有细节，并把它们发送到海马体。当你很累的时候，你可能记住了大概——你和朋友共进早餐这件事，但记不清其中的细节。

正如第2步第4章所述，海马体中的短暂记忆会转移到大脑皮层，成为永久记忆，在这一环节中睡眠也是必不可少的。科学家们仍在努力了解这个过程的细节,但目前已知的是,睡眠的多个阶段都非常重要,包括深度睡眠和快速眼动睡眠(REM)。

更年期前后,记忆问题很常见

"好的。"神经科医生继续说,"我还有几个问题要问你。你做过大手术吗?"

"没有,除了我女儿出生时做了剖宫产手术。"

"说到孩子,你什么时候进入更年期?"

"大约49岁或50岁。"

"当时有发现什么记忆问题吗?"

"你知道的,确实有,但我所有经历更年期的朋友都是这样的,所以我并不担心。"

在医学实践中,我们发现许多中年妇女正是在步入更年期的时候,注意到记忆力发生了变化。然而,尚不清楚是更年期雌激素和黄体酮的变化导致记忆力发生改变,还是说这只是一个巧合,因为许多中年人正好在此时开始注意到自己记忆力的变化。相关的科学文献也未解释清楚。然而有一点是明确的,激素替代疗法并不能帮助绝经后的妇女改善认知功能,也不能帮助降低未来出现认知问题的风险。

违禁药会破坏大脑，损害思维能力和记忆力

"平时吸烟吗？或者，你吸过烟吗？"

"我承认在大学里吸过，但仅此而已。"

"那很好，这个就不算了。"医生笑着说，"你曾经滥用过处方药或违禁药吗？"

"没有，没有这种事。"苏回答。

违禁药会损害思维能力和记忆力，许多违禁药会损害大脑，有些损害甚至是永久性的。许多研究发现，吸食大麻的人记忆受损，海马体缩小。甚至部分研究发现，这种影响持续时间很长，会减小海马体的存储容量，削弱形成新记忆的能力。可卡因会引起中风。海洛因、吗啡和其他类似药物会损害大脑额叶的功能，使其难以储存和提取记忆。

如果你担心自己的记忆力，不要服用违禁药。如果你过去曾服用过违禁药，现在想知道它们是否是记忆问题的原因，那么与医生谈谈可以帮助解决这个疑惑。

过量饮酒会损害思维能力和记忆力

"好的，如果12盎司啤酒（约355毫升）、5盎司葡萄酒（约148毫升），或1.5盎司烈酒（约44毫升）算一个标准杯，你一周喝多少杯？"

"大概10杯到12杯吧，"苏计算着，"晚餐时喝一两杯葡萄酒，如果去餐厅，我可能还会喝一杯鸡尾酒。"

"那有点过量。根据权威的科学研究，女性每周饮酒建议不超过7杯。"

"你的意思是，男性就不一样了吗？"约翰问。

"是的，数据表明，男性每周最多可以喝14杯。"神经科医生回答说。

"嗯……这似乎不太公平。"苏笑着说，"约翰，你得为我们俩再喝一杯酒。"

"好消息是，如果你有晚餐时喝一杯葡萄酒的习惯，只要适量，就不会有害，甚至可能在某种程度上能够预防记忆丧失和阿尔茨海默病。但请注意，如果你从不喝酒，我不建议你喝。既然你有这个习惯，只要适量，就不会对大脑造成任何损害。"

"损害？喝酒会导致脑损伤？"约翰问。

"当然。过量饮酒会以多种不同的方式损伤大脑。首先，酒精会直接损害大脑的额叶。其次，许多人喝醉了酒，会跌倒撞头，这可能会进一步损害额叶和大脑的其他部位。最后，饮酒过量的人，有时饮食也不合理。如果这种酗酒加不良饮食的情况持续太久，就会形成不可逆转的记忆障碍。"

"啊，我不知道酒精的危害性这么大。"听到这个消息，约翰有些吃惊，"我一天最多喝两杯。苏，我想以后我会和你一起，每天只喝一杯。这样我们俩谁也不会有麻烦。"

女性平均每天喝一个标准杯，男性平均每天喝一到两个标准杯，这是无害的，甚至可以起到保护作用，可能会降低记忆丧失和阿尔茨海默病的风险。但如果过量，就会导致思维和记忆受损，甚至永久性脑损伤。酒精会损伤额叶，这可能是暂时的，但持续过量饮酒，则会永久损伤额叶。因为额叶对学习新信息和回忆以前的信息很重要，喝酒会使记忆的储存和提取变得更困难。事实上，许多人发现，就算只喝一个标准杯，虽然无害，但仍会使记忆的储存和提取变得更困难。即使饮酒量在推荐范围之内，酒精也会影响你的记忆力吗？要想找到答案，很简单，试着戒酒两周吧。你可能会觉得没有差别，但也可能会发现你的思维能力和记忆力有所改善。

如果长期过量饮酒（推荐量的好几倍），而且营养不良，特别是缺乏维生素B1（硫胺素），会损伤大脑，永久性地损害记忆力，严重的话，则被称为"柯萨科夫综合征"，又称"健忘综合征"。虽然这种情况曾被认为十分罕见，但我们现在知道，许多人在饮酒过量时，他们的大脑会受到损害，导致记忆力受损。维生素B1可以在鱼、猪肉、葵花籽、小麦面包、青豆和其他许多食物中获取，所以正常人一般不会缺乏维生素B1。如果你认为自己的记忆问题可能是喝酒引起的，那么为了不让情况恶化，戒酒至关重要。

家族史会增加罹患阿尔茨海默病的风险

"你的家人在晚年有记忆问题、阿尔茨海默病、痴呆、年老糊涂、动脉硬化或精神障碍吗？"

"据我所知，没有人得阿尔茨海默病。我父亲85岁左右去世，我想是心脏病发作，但最后几年他有记忆问题。"苏回答，"到最后，我们的名字他一个都不记得了。医生告诉我们这是'年老糊涂'。我母亲72岁死于肺癌。她的记忆力没有任何问题。"

"家里还有其他人有记忆问题吗？"

"我祖母80多岁时也有记忆问题。那时她和我们住一起，我记得她曾经认为我是她的孩子。医生们说这是'动脉硬化'。坦白说，我甚至不知道'年老糊涂'或'动脉硬化'是什么意思。"

"'年老糊涂'是以前的说法，指年老导致思维和记忆受损。过去，医生只关注65岁以下的人的思维和记忆问题。如果像你父亲一样已经80多岁了，他们就会称之为'年老糊涂'。"

"年老糊涂是一种病吗？"

"不，这不是一种病，但大多数被诊断为'年老糊涂'的人都患有一种或多种影响思维和记忆的大脑疾病。"

"就像阿尔茨海默病吗？"苏问。

"是的。阿尔茨海默病是最常见的影响思维和记忆的老年疾病。所以你说得对，大多数被告知患'年老糊涂'的人实际上有阿尔茨海默病。"

"那么，什么是动脉硬化呢？"

"动脉硬化就是动脉粥样硬化，指胆固醇在动脉中积聚。"

"那怎么解释记忆丧失呢？"

"'动脉硬化'会导致中风，而中风会导致记忆丧失。"

"但我觉得我祖母没有中风。"

"过去医生认为中风几乎是所有记忆问题的原因,所以每当有人出现记忆问题,他们就称之为'动脉硬化',不管这个人是否曾经中风。"

"那么你认为是什么导致了我祖母的记忆问题呢?"苏问。

"如果你祖母在80多岁时开始有渐进性记忆障碍,导致她认不出人,以为你是她的孩子,那么她很有可能患了阿尔茨海默病。"

苏想了想刚刚的对话。"那我再确认一下,你是说很有可能我的父亲和祖母都有阿尔茨海默病吗?"

"对。"

"这是不是意味着我可能也有阿尔茨海默病?"苏紧张地问。

"我们不能太早下结论。如果你有家族遗传病史,那么你的记忆问题由阿尔茨海默病引起的概率是没有家族病史的人的2到4倍。但随着我们年龄的增长,阿尔茨海默病很常见,所以从真正意义上说,每个人都有风险,不论有没有家族病史。我们还在研究其他可能导致你的记忆问题的因素,其中许多因素都是可逆的。"

阿尔茨海默病是影响老年人思维和记忆的最常见疾病。然而,这一事实直到最近三四十年才得到承认。在此之前,当一个人晚年丧失记忆时,医生通常将其归咎于中风(通常叫作"动脉硬化"),或者只是年纪大了,当时"年老糊涂"这个词使用频繁。随着年纪增长,患上阿尔茨海默病非常普遍,我们都有患此病的风险。如果你有记忆问题的家族史,比如有患阿尔茨海默病的父母或兄弟姐妹,那么你患病的风险就会上升,你的记忆丧失的原因是阿尔茨海默病

的可能性会增加2到4倍。但肯定有很大一部分人,他们有阿尔茨海默病家族史,自己却从未患上这种病。

焦虑和抑郁会影响记忆

"好的,明白了。"苏叹了口气,看起来很悲伤,"我知道我们还处于评估过程,我会尽量保持耐心,只不过还是有点担心。"

"我明白,那先把问题放一放。毫无疑问,有记忆问题不是什么好事,但如果无法避免,那么现在就是最好的时机。我和神经心理学家稍后会向你们详细解释,我们现在可以做很多事情来帮助解决记忆问题,甚至还有更多的治疗方法正在研究。再坚持一下,我们会和你一起解决问题。"

"好的,我会坚持。"苏说,努力显出一副高兴的样子,但显然有点心烦意乱。

"看得出你很担心自己的记忆力。让我们聊一聊你的心情吧。你感觉怎么样?"

"总的来说,只要不关注我的记忆力,我感觉很好。"苏回答。

"我可以作证。"约翰插话,"但我担心的是,苏越来越关注她的记忆力,经常感到焦虑或悲伤。"

"好的,我总是会询问情绪状况,是因为抑郁和焦虑实际上会引起记忆问题。"神经科医生解释道。

"真的吗？"苏问。

"是的。当人们感到焦虑时，通常心事重重，想着他们所焦虑的事情。当你在想一件事的时候，比如担心你的记忆力，你就很难把注意力放在其他事情上。此外，焦虑的时候，身体会产生化学物质，让我们处于'战斗或逃跑'的状态。"

"你是说，就像面对老虎或其他什么的？"约翰问。

"是的，没错。问题是，如果面对老虎，'战斗或逃跑'状态可能会有帮助，但如果面对焦虑的情况，比如对下周的会议感到焦虑，这是毫无用处的。焦虑时释放的化学物质可能会使我们更难集中注意力，如果集中不了注意力，就记不住东西。"

"有道理。"苏表示同意。

"抑郁症的情况与此类似。我们可能专注于一些让我们悲伤的事情，即使没有，大脑中也会发生化学变化，让我们很难集中精力学习新事物。"

焦虑和抑郁都会影响记忆。它们会分散注意力，损害额叶的功能。正如第1步和第2步所述，这意味着焦虑和抑郁损害了额叶存储和提取信息的能力。一般来说，旧记忆最难提取，而且抑郁症患者精力不足，所以抑郁症的一个特征就是很难提取旧记忆。请注意，这与第2步第4章中阿尔茨海默病的模式相反，后者是新记忆最受影响，而旧记忆保存得最好。

尽管有这些不同的模式，但有时很难区分是抑郁和焦虑导致了记忆问题，还是别的因素导致了记忆问题，而抑郁和焦虑只是担心记忆问题的正常反应。你有这些情绪问题，或者其他情绪或心理症状吗？我们将在第4步第12章详细讨论处理这些情绪的不同方法。

头部受伤和慢性创伤性脑病会损害思维和记忆

"好的，接下来我会提到一系列不同症状和疾病。如果你有其中任何一项，请告诉我。"

神经科医生接着问苏是否有过脑部感染，如脑膜炎或脑炎；失去知觉的头部受伤；曲棍球、长曲棍球或高山滑雪等接触性运动造成的反复性轻度脑损伤；中风或中风信号，如手腿突然无力或麻木、突然失明、突然失语；癫痫或抽搐；看到不存在的人或动物，如同出现幻觉；行走困难；跌倒；手或身体其他部位不由自主地抖动；早年的任何重大精神问题，如重度抑郁症或双相情感障碍；发现身上有虱子或圆形、牛眼状的皮疹；大小便失禁，无法及时上厕所。

苏一一否定。

头部受伤导致记忆丧失，至少有以下两种不同的情况。第一种情况，例如车祸，头部撞击挡风玻璃或其他坚硬物体，可能导致大脑直接受伤。记忆丧失、难以集中注意力等症状通常在刚受伤时最严重。在接下来的两年里，这些症状几乎都会有所改善，尽管思维和记忆可能不会恢复到受伤前的水平。

第二种情况常见于一些职业拳击手和足球运动员。如果一个人的头部受到多次虽小但剧烈的撞击（不论是否会导致脑震荡），就可能会患上进行性大脑疾病，病情随时间恶化。这种疾病被称为慢性创伤性脑病（CTE）。如果你在大学里踢足球或参加其他活动，在这些活动中你的头部遭受多次重击，你应该与医生讨论一下你是否有患上慢性创伤性脑病的可能性。

"无反应"的癫痫发作

有时癫痫发作很明显，如失去知觉、手脚僵硬、全身抽搐约一分钟。但还有其他类型的癫痫，患者只是"发呆"，几秒钟到一分钟左右没有反应。这种癫痫被称为"癫痫小发作"或"复杂部分性癫痫发作"，会干扰记忆的形成和提取，但它并不是记忆丧失的常见原因。这种癫痫可以用药物治疗，如果不治疗，会导致其他问题，比如开车时发生事故。如果有人说，你有一段时间在"发呆"，没有反应，你应该和医生讨论是否是癫痫小发作。

莱姆病和其他感染会导致记忆丧失

有许多感染会导致思维和记忆障碍，包括蜱虫传播的疾病，如莱姆病和落基山斑疹热。如果此类疾病在你的生活区域很常见，而且你在户外树林待了一段时间，或你发现身上有蜱虫，你应该和医生谈谈，接受检测，看看是否患上这些疾病，这些疾病是可治疗的。

还有其他许多可治疗的传染病会干扰思维和记忆。如果你有任何感染症状，如发烧、咳嗽、盗汗、发冷或肌肉疼痛，应该马上看医生，看看是否染病。最后，如果你认为自己可能感染了性病，一定要告知医生。梅毒和艾滋病这两种性传播疾病最初可能就因为思维和记忆困难而凸显出来。

神经系统检查寻找大脑和神经系统疾病

"接下来开始检查身体和神经系统吧。你只需脱掉鞋子和袜子。"

"这个检查顺序是不是错了？"约翰笑着问。

"我知道，每个人都认为脑科医生想看脚很有趣，但你会看到我从头到脚检查所有的肌肉和神经。"

苏爬上检查台，舒舒服服地坐着，双腿悬空，神经科医生开始检查。部分检查是她熟悉的：听心肺、测试视力和听力、检查眼睛、让她伸出舌头说"啊"，然后按压她的腹部。还有一些新奇的检查。医生把听诊器放在她脖子两边听诊；让她的眼睛跟着他的手指移动，观察眼球活动功能；在她视线的上下左右摆动手指，测试余光视物的能力。医生接着解释说，他要检查苏的肌肉，先让她扬起眉毛，闭上眼睛，保持微笑，再测试胳膊和腿的力量——包括手指和脚趾。然后检查她的触觉，问她能否感觉到在脸、胳膊、腿、手指和脚趾等部位的轻微触碰，以及金属音叉的凉意。

神经科医生继续检查，用反射锤轻敲她的嘴唇、手臂、肘部、膝盖和脚踝。苏从来不知道自己有这么多的反射！医生又用锤子的尖端刮她的脚底。他握住苏的手，四处移动，看看移动的难易程度。然后医生移动手指，让苏伸出手指来回触摸他的手指和她自己的鼻子。他接着让苏迅速上下翻动每只手掌。最后，医生让苏站起来，双脚并拢，伸出双手，手掌朝上，闭上眼睛，保持站立姿势。

"这是一个小小的平衡测试。"医生说。苏通过了平衡测试，医生继续说道："好的，一切看起来都很好。可以穿上鞋袜了。"

瞧见苏看起来很开心，他笑着解释道："我知道很多测试看起来很傻，但它们都能帮助我了解你大脑和神经系统不同部位的工作状态。"

除了大多数内科医生进行的常规身体检查外，神经科医生还要进行专门的神经系统检查，以发现大脑或神经系统的任何问题。这种专门检查可以寻找诸如中风、肿瘤、帕金森病、震颤、多发性硬化症等疾病，为查找思维和记忆问题的病因提供线索。一般都会评估视觉和听觉，因为如果一个人视觉和听觉不好，就不可能记住通过眼睛和耳朵传入的信息。

甲状腺疾病很常见

"好的，现在让我们来看看验血结果。有一些异常情况需要讨论。"

苏和约翰抬起头，等着医生继续说。

"首先，我们做的甲状腺筛查结果不正常，我希望你跟你的保健医生联系一下。你可能是甲状腺功能减退，这意味着你的甲状腺无法为身体分泌足够的激素。"

"甲状腺是干什么的？"苏问。

"甲状腺分泌甲状腺激素，帮助调节体内几乎所有系统的新陈代谢，确保正常的代谢速度。所以，如果你的甲状腺水平低，会导致注意力难以集中。甲状腺激素低在老年人中很常见，这就是我们要检测它的原因。别担心，我们只需给你配些甲状腺激素药丸，就可以轻松治疗。"

用简单的验血来筛查甲状腺疾病是记忆评估流程中的一环。异常的甲状腺激素水平可能会导致记忆受损、注意力难集中、易怒、情绪不稳定、烦躁不安和思维混乱。

缺乏维生素B12和维生素D很常见

"我很高兴甲状腺问题很容易治疗，"苏说，"还有什么不正常？"

"你的两种维生素水平很低：B12和D。"

"重要吗？"苏问。

"重要。维生素B12不足会引起许多神经问题，包括思维和记忆问题，以及疲劳、嗜睡和抑郁。因此，我们会先让你服用非处方的维生素B12药片，几个月后再重新检查。如果B12水平仍然偏低，可以选择注射剂，因为对有些人来说，B12片剂不易被吸收。"

"那维生素D呢？"

"维生素D对骨骼和肌肉很重要，对思维和记忆也同样重要。所以我建议你在服用维生素B12的同时，服用维生素D。"

缺乏维生素B12会引起非常严重的问题，包括思维、记忆和情绪方面的问题，因此维生素B12检测应该成为记忆评估流程中的一环。

目前尚未有证据表明缺乏维生素D会导致记忆丧失，但已发现低水平的维生素D与痴呆之间有很强的相关性。因此，我们建议要么去检查维生素D，要么每天服用2000国际单位（一粒，约50微克）的非处方维生素D3（参见第5步第13章）。

糖尿病和其他疾病会损害思维和记忆

许多疾病会损害思维和记忆，所以医生应该通过体格检查和实验室检查来评估你是否有常见疾病。糖尿病需要特别关注，因为它会在几个方面引起记忆问题。首先，糖尿病是中风的一个风险因素，而中风会引发记忆障碍。其次，当血糖水平过高或过低时，可能会出现思维混乱和记忆丧失的情况。最后，如果对糖尿病的控制过于严格，血糖反复下降到极低的水平，海马体和大脑的其他部分可能会永久性受损。

脑成像研究可以显示脑萎缩、中风、肿瘤和其他异常情况

"现在我们一起看看你的磁共振扫描结果吧。"神经科医生一边说,一边转动桌上的一个大显示器,让苏能看清楚。"事实上,对于你这个年龄来说,大体上看起来还不错,比平均水平好。不过,有几个部分我还是想要指给你看。第一个是颞叶,在太阳穴旁边,就在眼睛后面。你看到灰色大脑周围有更多的黑色空隙了吗?这表明颞叶有一些萎缩。到了你们这个年纪,每个人都会有一点萎缩,但是你的萎缩程度比我想象的大一些。"

"那个部分起什么作用?"苏问。

"跟记名字有关,尤其是人名。"

"嗯,有点猜到了……你知道我记人名有点问题。"

"接下来是大脑内部这些新月形结构。这是海马体,左右两边各有一个,储存着新记忆。你看到它们周围的黑色空隙了吗?这也说明它们已经缩小了一些。"

"好的,这也吻合我出现的记忆问题。"

"没错。这是你的额叶,看起来很好。它们负责很多事,包括组织和规划、集中注意力和做复杂的活动。"

"还有没萎缩的,太好了!"

"还有一个部分,你看到大脑后部的这片区域了吗?"

"是的,我已经看到灰色大脑周围的大片黑色区域。"

"没错。这是你的顶叶,帮助你集中注意力,对导航也很重要,比如规划路线。"

"我确实发现，我需要花更多时间思考如何从一个地方到另一个地方。"

"总之，你的颞叶、顶叶以及海马体都有些萎缩。你大脑的其他部分看起来很好，我没有看到任何中风、出血、肿瘤、积液迹象或其他问题。"

"好的，那真庆幸。"苏说，"不过这三个区域萎缩意味着什么呢？"

"这可能不能说明什么，但我承认，我们确实经常在阿尔茨海默病患者身上看到这种萎缩类型。"

"你是说我得了阿尔茨海默病？"苏问，听起来很担心。

约翰看了看苏，又看了看神经科医生，等待答案。

"不，当然不是。你不能仅仅通过扫描结果来诊断阿尔茨海默病。这就是我们做整体评估的原因。等会儿我要和神经心理学家交流一下，综合考虑所有的评估项目，讨论你记忆困难的原因。"

"好吧，明白了。你需要综合考虑。"

"没错。"

磁共振或CT扫描可以检测多种大脑疾病，如中风、出血、肿瘤、积液、多发性硬化症、一些感染等。你还可以看到脑萎缩的类型，这些类型可能常见于某一种脑部疾病。但脑萎缩类型只是医生诊断评估的一种根据，仅仅通过脑成像扫描无法确定是否患有影响记忆的特定脑部疾病。

小 结

通过本章，我们了解了记忆丧失的最常见原因，这些原因是可逆的，其中包括药物副作用、睡眠障碍、缺乏维生素、饮酒、甲状腺疾病、抑郁和焦虑。我们还了解了神经科医生的工作（尽管不一定是日常工作），以及他们如何进行记忆评估。最后，我们还了解了大脑的其他一些部分，以及脑成像研究（如磁共振或CT扫描）可以为我们提供的信息。

接下来用一些例子来说明我们在本章中学到了什么。

- 自从服用一种新的处方药后，你感到很累，思维也很混乱。是否应该停药看看你的思维是否有所改善？

  先和医生谈谈！虽然药物是导致记忆问题的一个常见原因，但你绝不能在没有和医生商量的情况下停用处方药。

- 你已经开始注意到自己有记忆问题，担心这可能是不祥的征兆，比如患了阿尔茨海默病或得了脑瘤，你感到非常焦虑。记忆问题可能与焦虑有关吗？

  如果一个人有记忆问题，同时还很焦虑或抑郁，那么很难确定是记忆问题引起焦虑或抑郁，还是焦虑或抑郁导致了记忆问题。你应该和医生谈谈你对记忆力的担忧以及你的抑郁或焦虑。

- 你最近感觉"精疲力竭"。你心情很好，睡眠充足，但就是没有精力。你应该怎么做？

  与医生谈谈你的症状。这可能是因为甲状腺激素水平低，随着年龄的增长，这很常见。
- 在过去的一个月里，你一直发冷，醒来时发现睡衣已被汗水浸湿。你应该怎么做？

　　与医生谈谈你的症状。这可能与感染有关，这是可以治疗的。
- 在过去的一个月里，你的记忆力越来越差，同时，你也注意到自己越来越难听清别人对你说的话。你应该怎么做？

　　如果听不见别人说的话，你就不能记住它。让医生测试一下你的听力。如果你有助听器，要确保它功能正常。
- 有些事你记得很牢，有些却记不牢。你的配偶告诉你，有时候你话说到一半就开始"发呆"。你自己没有意识到，并且很确定你不是在做白日梦。你应该怎么做？

　　癫痫是记忆问题的一个非常见原因，癫痫是严重疾病，但又是可治疗的。如果你有这种"发呆"的情况，应该和医生讨论一下。
- 你注意到，如果某个晚上喝了几杯，你就不记得那晚发生的事情了。

　　喝了几杯就更难记住事情，每个人都会这样，但酒精更有可能影响老年人以及那些有记忆问题的人。试着戒酒一段时间，看看是否有帮助。

第7章

什么是痴呆、轻度认知障碍和主观认知下降？

第6章讨论了认知障碍的诸多原因，在第7章中，我们将学习什么是痴呆，以及用什么术语来表示正常衰老和痴呆之间的中间阶段。

出评估结果时，带上家人或密友一同前往

我们上一次讲到杰克的时候，他正在医生的办公室里做记忆评估。现在让我们来跟进一下杰克的情况，杰克和女儿萨拉正与医生会面，一起查看记忆评估结果。

"嗨，杰克，今天还好吗？"医生问。

"医生，要看检查结果了，我有点紧张。"杰克回答说，"你见过我女儿萨拉吗？"

"应该没见过。很高兴认识你，萨拉。谢谢你今天和爸爸一起来。"

"我也很高兴认识你。"萨拉回答说。

当你在听取任何医疗评估的结果时，有人陪伴是个好主意。他（她）可以帮你做笔记，让你把全部注意力集中在医生、测试结果、诊断结果、药物等治疗方案上。当然，如果你的记忆力有问题的话，有人陪你来就更重要了。

痴呆指思维和记忆问题导致日常功能受损

"我确实拿到了你的测试结果。"医生继续说，"包括我们之前给你做的问卷和纸笔测试，还有你的血检和磁共振扫描结果。我想说，首先，根据测试结果和你现在的状态，你没有痴呆。"

"太好了！不过痴呆是什么病呢？"杰克问。

"我担心的是阿尔茨海默病，不是痴呆。"

萨拉正在记笔记，也抬起头来。

"痴呆不是一种病。当一个人思维和记忆能力的丧失，严重到影响日常功能的程度，我们就会使用这个术语。痴呆的人缺乏自理能力，很难独自生活。"

"你是说洗澡穿衣都有问题？"杰克问。

"痴呆的人不仅可能有这种问题——这说明痴呆已经到了中度阶段——还可能碰到不会支付账单、购物困难或不能正确服药等问题。"

"我认为我爸爸没有这些问题，对吧，爸爸？"萨拉问道。

"对，我没有。"杰克回答。

"没错，杰克，正因如此，我知道你没有痴呆。"医生解释说。

"我很高兴我没有。"杰克说,"之前我也一点不担心。不过到底是什么导致了痴呆?"

"许多疾病会导致痴呆。阿尔茨海默病是最常见的病因,但中风(我们称之为血管性痴呆)、帕金森病、头部受伤、感染,甚至维生素缺乏都可能导致痴呆。还有其他许多原因也会导致痴呆。"

当人们的思维和记忆功能出现问题,无法独立生活时,他们就被诊断为痴呆。痴呆有以下三种症状:

- 本人、家人、医生认为思维能力和记忆力明显下降
- 测试显示思维和记忆有严重障碍
- 思维和记忆问题干扰日常活动

如果只是在付账单、购物或服药等复杂的日常活动中有困难,这只是轻度痴呆。如果在穿衣、洗澡、上厕所等基本日常活动中有困难,这意味着痴呆已经到了中度或重度阶段。

日常活动

复杂日常活动
- 做家务
- 服药
- 做饭
- 购物
- 支付账单和理财

基本日常活动
- 穿衣、脱衣
- 洗漱
- 洗澡
- 进食
- 上厕所

痴呆可以由许多不同疾病引起

痴呆本身不是一种疾病,它是由多种因素导致的一种状态。它就像头痛,可能由肌肉紧张、偏头痛、血栓或肿瘤引起,而且跟头痛一样,痴呆有一些病因相对轻微,容易治疗,而另一些则很严重,可能无法治疗。70%的痴呆是由阿尔茨海默病引起的,这就是为什么人们经常把阿尔茨海默病与痴呆混为一谈。其他常见原因包括帕金森病痴呆(也称为路易体痴呆)、血管性痴呆和额颞叶痴呆。我们将在第3步第8、第9、第10章中了解痴呆的具体病因。

主观认知下降可能是记忆疾病的征兆——但并非必然

"我没有痴呆,那我的记忆力正常吗?"杰克问。

"好的,我们就来谈谈这个。我想说的第一件事,你告诉我你觉得自己的记忆力不像以前那么好了。我们在过去的几年中了解到,如果你注意到自己的记忆力下降,并且非常担心,去看了医生，那么即使你的记忆测试完全正常，实际上你患上真正记忆障碍的概率也要比没有遇到任何问题的人大一些。"

"等等——就因为我说担心自己的记忆力，就意味着我有记忆障碍吗？"杰克插嘴道。

"不是，绝不是这样，只是可能性更大一些。人们意识到自己的记忆问题，测试结果却显示正常，我们通常称这种情况为'主观认知下降'。大多数人都很了解自己，如果他们认为自己的记忆力有问题，他们通常都是正确的。"

"这是否也意味着这类人中很多人最终没有出现记忆障碍？"萨拉问道。

"是的，没错。我们认为，'主观认知下降'是未来患上某种疾病的一种风险因素，而不是疾病本身，也不是萌发某种疾病的必然迹象。"

如果你注意到自己记忆力下降了，你很担心，去看了医生，医生给你做了测试，并告知你的记忆力正常，这种情况叫作"主观认知下降"(有时被称为"主观认知障碍")。主观认知下降表现在：

- 本人注意到思维能力或记忆力衰退，造成困扰，去看了医生
- 思维和记忆测试结果正常
- 日常功能正常

与那些不担心自己记忆力的人相比，主观认知下降的人更有可能会在5—10年内被诊断为记忆障碍。

听起来是不是有点吓人？别惊慌，担心记忆力，就会对其更关注，你是在做正确的事情。首先，大多数主观认知下降的人最终并没有出现记忆障碍，或者他们有一些我们在上一章中讨论过的可逆症状，比如维生素缺乏或甲状腺疾病。你应该去看医生，寻找这类或其他的可逆原因。其次，本书还会提到你现在可以采取的具体措施，包括改善饮食和加强锻炼，以帮助改善记忆力，降低未来患上记忆障碍的可能性（第5步）。最后，正如我们将在第4步中了解的那样，即使你最终被诊断为记忆障碍，现在也有许多好的治疗方法，越早治疗，效果越好。

轻度认知障碍患者记忆力或思维能力下降，但日常功能正常

"医生，我属于'主观认知下降'吗？"杰克问。

"你还记得我们给你做的纸笔测试吗？"

"记得……大部分。我知道那次我的表现并不完美。"杰克回答。

"对。那次测试满分30分，你得了23分。"

"这不好吗？"萨拉问道。

"不是很糟，但略低于正常水平的下限——26分。"

"什么意思？"杰克问。

"因为你的记忆测试异常，所以你不是'主观认知下降'，而是'轻度认知障碍'。当你自己或身边熟悉的人已经发现你的记忆力或思维能力有所下降，纸笔测试也反映出这种下降，但你的

日常功能基本正常，我们把这种情况称为'轻度认知障碍'，这不是痴呆。"

"是的，这很符合我的情况。"杰克同意道。接着，他叹了口气，继续说道："但我能正常做事只是因为我付出了更多努力。"

"轻度认知障碍患者基本都这样——他们仍然可以做任何他们想做的事情，只是比以前更费劲了。"

轻度认知障碍表现在：
- 本人、家人或医生已经注意到记忆力或思维能力下降
- 思维和记忆测试显示有障碍，通常是轻微障碍
- 日常功能基本正常，只不过做事情更加费劲

轻度认知障碍患者不是主观认知下降，因为思维和记忆测试显示有障碍。他们也不是痴呆，因为日常功能正常。

随着时间的推移，许多轻度认知障碍患者的思维能力和记忆力会下降，但有些会保持稳定，甚至有所改善

"好的，我想我明白'轻度认知障碍'的意思了。"萨拉插话道，"但未来呢？如果爸爸有轻度认知障碍，他的思维能力和记忆力会随着时间推移而变得更差吗？"

杰克紧张地把目光从萨拉身上移到医生身上。

"好问题。大约一半的轻度认知障碍患者确实会在几年内出

现思维和记忆衰退，最终发展成痴呆。但这也意味着还有一半人没有痴呆——他们的思维能力和记忆力要么保持稳定，要么恢复正常。"

"你的意思是我的记忆力有可能保持不变，甚至有所改善？"杰克问，声音中流露出希望。

"是的，这就是我要说的。"

大约50%的轻度认知障碍患者的思维能力和记忆力逐渐下降，最后发展为痴呆，每年约5%—15%的比例。但这也意味着另外的50%保持稳定或有所改善。

你被诊断出有轻度认知障碍吗？好消息是，即使什么都不做，你的思维能力和记忆力也很有可能保持稳定或有所改善。更重要的是，在第4、第5、第6步中，我们将讨论你能做些什么来改善记忆力，降低将来发生痴呆的可能性。

轻度认知障碍可由许多不同疾病引起

"轻度认知障碍是由什么引起的呢？"萨拉问道。

"许多不同疾病会导致轻度认知障碍，就像许多不同疾病会导致痴呆一样。事实上，导致轻度认知障碍的因素可能更多，包括抑郁、焦虑、甲状腺疾病，以及所有可能导致痴呆的疾病，如阿尔茨海默病和中风。"

与痴呆一样，轻度认知障碍本身并不是一种疾病，它是由许多不同原因导致的一种状态。在65岁以上的人群中，阿尔茨海默病是轻度认知障碍的最常见原因。其他常见原因包括中风和帕金森病，以及抑郁、焦虑、甲状腺疾病、缺乏维生素、感染、药物副作用和健康问题。

小　结

本章介绍了与思维和记忆障碍相关的一些基本术语。痴呆患者由于严重的思维和记忆障碍，日常功能受损。轻度认知障碍患者日常功能正常，但思维和记忆测试反映出有轻度障碍。主观认知下降的人非常担心自己的记忆力，会去看医生，但在思维和记忆测试中表现正常。我们还了解到，虽然这些术语都不表示一种特定疾病，但阿尔茨海默病是痴呆和轻度认知障碍的最常见原因。

接下来用一些例子来说明我们在本章中学到了什么。

- 你担心自己的记忆力，去看了医生，医生给你做了记忆测试，你的分数在正常范围内。这是否意味着未来你不太可能出现记忆障碍？

    如果你对自己的记忆力感到担忧，去看了医生，但你的思维和记忆测试却显示正常，那么你就属于"主观认知下降"。与不担心自己记忆力的人相比，主观认知下降的人在未来更有可能出现记忆障碍。

- 你刚刚被诊断出有轻度认知障碍。这是否意味着你将来一定会因为阿尔茨海默病而发展成痴呆？

  不是，尽管你有50%的概率患上阿尔茨海默病等可能导致痴呆的疾病，但是还有50%的概率，你的思维能力和记忆力会保持稳定，甚至有所改善。

- 痴呆和阿尔茨海默病是一回事吗？

  不是。痴呆是泛称，表明思维能力和记忆力已经退化到日常功能受损的程度。阿尔茨海默病是引起痴呆的众多原因之一。痴呆的其他病因包括中风、感染、缺乏维生素和其他神经系统疾病。

- 我担心自己的记忆力，但又怕被告知我有记忆问题。如果我的记忆力有问题，医生能帮我做点什么吗？

  当然！看医生非常重要。你可能患有传染病、维生素缺乏症、甲状腺疾病、抑郁症等疾病，经过治疗后，你的记忆力可能会恢复正常。此外，还有一些药物可以帮助有记忆障碍的人真正改善记忆问题。

第8章

什么是阿尔茨海默病？

既然我们已经了解痴呆、轻度认知障碍和主观认知下降这些术语的含义，接下来就要介绍导致这些状况的主要神经系统疾病。我们将从阿尔茨海默病（老年痴呆）开始，这是导致老年人记忆丧失的最常见疾病。在第2步第3、第4章我们已经了解了阿尔茨海默病的症状。本章我们将了解阿尔茨海默病如何损害大脑。

阿尔茨海默病有多个阶段

我们上一次提到苏时，她接受了神经系统检查。现在让我们来跟进一下苏的情况。苏和丈夫约翰与神经心理学家会面，听取记忆中心的综合评估结果。

"我们已经讨论过，现在我想告知你的认知测试结果、我们对你的记忆问题的看法，以及治疗计划。"

苏紧张地看了看约翰，然后又看了看神经心理学家。约翰对苏笑了笑表示支持，但脸上流露出担忧的神情。

"在认知测试中——我们给你做的纸笔测试是用来评估你的思维能力和记忆力——跟同年龄段且同等教育水平的人相比，你的分数比我们预期的要低一些。因为你的思维和记忆障碍相当轻微，日常功能也没有问题，所以我们诊断为'轻度认知障碍'。"

"这是不是意味着我得了阿尔茨海默病？"苏问。

"有很多不同因素会导致轻度认知障碍。阿尔茨海默病是其中之一，但还有其他许多可能的原因。我和神经科医生认为，他与你讨论的那些东西——安眠药、酒精、维生素B12和维生素D，以及低水平甲状腺激素，无论是单独一种因素或是多种因素结合，都可以解释你在纸笔测试中的表现，以及你现在的轻度记忆困难。"

"但是我的磁共振扫描显示大脑萎缩呢？还有我的阿尔茨海默病家族史呢？尽管当时它被称为'年老糊涂'或'动脉硬化'。难道这一切不意味着我可能患有阿尔茨海默病吗？"苏担忧地问。

"虽然还有其他很多问题有待研究，但毫无疑问，阿尔茨海默病是你轻度认知障碍的可能原因。"

"我以为阿尔茨海默病是痴呆的一种。"约翰困惑地说，"我不知道它会引起如此轻微的症状，比如'轻度认知障碍'。"

"我们目前的理解是，任何症状出现之前的数年，阿尔茨海默病就已经潜伏在大脑里了。随着病情发展，思维和记忆开始受到影响，但日常生活功能仍然正常，所以阿尔茨海默病首先表现为轻度认知障碍。当病情加重、日常功能受损时，就进入到痴呆阶段。痴呆阶段又可进一步分为非常轻微、轻度、中度和重度阶段。"

任何症状出现前的数年，阿尔茨海默病就已经潜伏在大脑里了。随着时间的推移，思维和记忆开始受损，但日常功能正常，此时病情发展到轻度认知障碍阶段。只有当日常功能受损时，我们才称之为"阿尔茨海默病性痴呆"。在痴呆的非常轻微阶段，功能只是轻微受损。例如，患者可能无法再做以前做过的复杂事务，如改建浴室或举办大型晚宴。在接下来的轻度阶段，健忘和其他思维问题开始干扰更多的日常活动，如做饭、购物和支付账单。在中度阶段，穿衣洗澡等日常生活都变得困难。在重度阶段，患者难以沟通交流、辨认家庭成员和生活自理。即使痴呆症状已经出现，阿尔茨海默病也是一个缓慢的发展过程。如果不进行治疗，患者通常会在4—12年的时间里从非常轻微的阶段发展到重度阶段。

阿尔茨海默病是一种以淀粉样斑块和神经原纤维缠结为特征的脑部疾病

"阿尔茨海默病到底是一种什么病？"约翰问。

"一种脑部疾病，有一种叫作'β-淀粉样蛋白'的异常蛋白质堆积在一起，当淀粉样蛋白过多时，就会形成我们所说的'斑块'。随着病情发展，大脑中的'清理细胞'会对斑块作出反应，产生炎症，导致脑细胞受损，形成更大的斑块。此时淀粉样斑块会破坏脑细胞之间的联系,并开始干扰大脑功能。"

"那么是这些'淀粉样斑块'引起了阿尔茨海默病吗?"苏问。

"我们认为病情就是这么开始的。一旦这些斑块开始损伤脑细胞,就会在细胞内形成'缠结'。正是这些缠结杀死了脑细胞。"

◇ — ◆

1906年,精神科医生爱罗斯·阿尔茨海默在显微镜下观察一位病人的脑组织,首次发现了淀粉样斑块和神经原纤维缠结。我们现在知道,斑块是β-淀粉样蛋白、部分脑细胞以及细胞外其他物质的混合物。目前有很多研究试图了解淀粉样斑块与认知功能之间的确切关系,有一种可能的联系是:当斑块最初形成时,不一定会产生问题,但一旦大脑中的"清理细胞"(大脑免疫系统的一部分)开始对大脑斑块产生反应,就会引发炎症,从而破坏脑细胞之间的联系,并干扰大脑功能。

斑块损伤细胞之后,细胞内部就会出现神经原纤维缠结。我们称之为"缠结",是因为在显微镜下它们看起来像纠缠在一起的细绳。这些缠结由濒死脑细胞(也称为神经元)的部分骨架和营养系统构成。最终,随着阿尔茨海默病的发展,越来越多的脑细胞被斑块破坏,形成缠结,然后死亡。

阿尔茨海默病首先影响海马体、颞叶、顶叶,然后影响额叶

"这就是为什么我们可以看到大脑的某些区域在萎缩,因为那里的细胞正在死亡?"约翰问。

"完全正确。"神经心理学家赞同道,"阿尔茨海默病首先影响大脑的三个区域:颞叶内侧的海马体,导致记忆丧失,尤其是对新信息的记忆;颞叶,导致找词困难;顶叶,导致注意力不集中和找不到路。负责策划、行动和执行复杂活动的额叶,往往会晚一些受到影响。因此,通过磁共振或CT扫描观察大脑时,我们要看看这些区域是否有萎缩。"

当大脑某一特定区域有足够多的脑细胞死亡时,该区域就不再像以前那样正常工作。脑萎缩通常可通过磁共振或CT扫描观察到。下表列出了受阿尔茨海默病影响的大脑区域及其功能,以及受影响时间。

阿尔茨海默病影响的大脑区域及其功能

大脑区域	功能	受影响时间
海马体	新记忆的形成和储存	早期
颞叶	找词	早期
顶叶	集中注意力、空间功能	早期
额叶	集中注意力获取新信息、计划、行动、复杂活动	晚期

基因会导致大量 β-淀粉样蛋白积聚

"为什么 β-淀粉样蛋白会在一些人大脑中积聚,形成斑块,而另一些人不会呢?"苏问。

"好问题。"神经心理学家说,"有些人有一种基因,导致 β-

淀粉样蛋白产生过多或清理能力不足。与阿尔茨海默病相关的最常见基因变异是'APOE-e4'基因。携带这种基因的人似乎不能像其他人那样很快地清除β-淀粉样蛋白。"

"我能知道我父亲是否有'APOE-e4'基因吗？我该做个检查吗？"

"我们不建议对这种基因变异进行检测，因为有这种基因并不意味着你患有阿尔茨海默病，没有这种基因也并不意味着你没有阿尔茨海默病。大约一半的阿尔茨海默病患者有这种基因，而另一半没有。这是导致这种疾病的一个风险因素，但不是必然因素。"

虽然我们不确切知道β-淀粉样蛋白的正常功能是什么，但每个人的大脑都会产生这种物质。它可能与抵御脑部感染有关。当β-淀粉样蛋白大量积聚而形成斑块时，阿尔茨海默病就开始发展了。由于基因差异，有些人会形成过多的β-淀粉样蛋白，或者清理这种蛋白的能力不足。导致阿尔茨海默病的最常见变异基因是APOE-e4基因，它似乎与清理β-淀粉样蛋白的能力不足有关。但我们不建议对其进行检测，因为它无法确定一个人是否患有阿尔茨海默病，也无法确定他（她）将来是否会患上这种疾病。

阿尔茨海默病家族史使患病概率增加两到四倍

世界上有几个地方（如南美洲的哥伦比亚），有些家庭的基因突变导致β-淀粉样蛋白积聚，引发早发性阿尔茨海默病。他们在65

岁之前，甚至经常在50岁之前就患病，这些人100%都携带这种突变基因。而绝大多数65岁以上的晚发性患者都没有相关家族史。

不幸的是，随着年龄的增长，阿尔茨海默病变得十分常见。我们都有患病风险，这种风险会随着年龄的增长而增加，到85岁时，风险接近50%。如果父母或兄弟姐妹患有阿尔茨海默病，那么患病风险就会增加两到四倍。例如，如果65—70岁的老人患阿尔茨海默病的总体风险约为2.5%，那么没有家族史的人患病风险约为1.5%，而有家族史的人患病风险为3%—6%。

阿尔茨海默病在女性中更为常见

"除了基因和家族史之外，还有什么因素会导致人们患上阿尔茨海默病？"

"好问题，但我们还没有一个完整的答案，"神经心理学家说，"还有三个密切相关的要素：年龄、头部受伤和女性。"

"就因为我是女性，我就有患阿尔茨海默病的风险？"

"是的，事实上，美国大约2/3的患者都是女性。"

"是不是因为女人比男人更长寿？"约翰问。

"这是部分原因。但可能还有其他原因。有很多研究试图回答这个问题。"

美国有510万65岁以上的阿尔茨海默病患者，其中大约320万是女性。造成这种情况的部分原因是，随着年龄增长，阿尔茨海默病的发病率越来越高，而女性比男性更长寿。关于这个问题的其他解释仍在积极探索中。

头部外伤会增加患阿尔茨海默病的风险

多年来，人们已经观察到头部受伤会增加痴呆的风险。最初人们认为，几乎所有头部受伤后发展成痴呆的人，都是由阿尔茨海默病引起的。然而从近期对拳击手和足球运动员的研究中，我们了解到，至少有一部分头部受伤的人，特别是重复受伤的人，会发展为慢性创伤性脑病（见第3步第6章），但毫无疑问，头部受伤也会增加患阿尔茨海默病的风险。

阿尔茨海默病并不是正常衰老

"我真不敢相信，就因为我是女性，就因为我已经80岁了，得病的风险就增加了！"苏惊呼道，"如果说年龄是一个风险因素，年龄越大，风险越大，那么阿尔茨海默病是正常衰老的现象吗？"

"不是。我们认为它是随着年龄增长而更加常见的众多疾病之一，如糖尿病、高血压、癌症和白内障。我们不认为这是正常衰老。"

阿尔茨海默病在七八十岁的人群中太常见了，因此我们有理由怀疑它是否只是正常衰老的一部分。然而，有许多人活到90多岁甚至100多岁，无论是从临床表现还是从病理变化（在他们去世之后，人们用显微镜观察他们的大脑）上看，都没有患上阿尔茨海默病。事实上，据估计，85岁及以上的老人中有一半没有患上阿尔茨海默病或其他类型的痴呆。因此，尽管阿尔茨海默病随着年龄的增长而更为常见，但它并非正常现象。

教育和智力可以降低患阿尔茨海默病的风险

"家族史、女性、年纪大……似乎我具备了所有的风险因素。有什么因素可以降低我患阿尔茨海默病的风险吗？"苏问。

"有，我正想提一个。你接受的教育越多，患阿尔茨海默病的可能性就越小。所以，因为你有硕士学位，与受教育程度低的人相比，你患阿尔茨海默病的风险更小。"

"嗯……更多的教育……"约翰边想边说，"如果一个人很聪明，只是没有机会上大学，这也能预防阿尔茨海默病吗？"

"是的。有研究正好支持这一观点。没有受过多少正规教育但是很聪明，这也能降低风险。"

关于为什么高等教育和智力可以降低患阿尔茨海默病的风险，有两个主要理论。第一种理论认为，教育和智力能够让你建立起"认知储备"。这个想法是，如果认知储备足够多，那么，例如，即使25%的认知功能丧失，仍然有足够的思维能力和记忆力"储备"，以保证正常的日常功能。第二种理论是，受过高等教育的人和聪明人，实际上他们的大脑与普通人有所不同，这种大脑差异降低了阿尔茨海默病发生的可能性。

通过有氧运动、社交活动和健康饮食来降低患阿尔茨海默病的风险

> 神经心理学家解释说："其他降低风险的方法包括有氧运动、参加社交活动以及健康饮食。虽然目前还有很多研究试图确定这些因素是否真的能起到保护作用，但我们对已经发表的研究深信不疑，强烈建议所有患者锻炼身体、参与社会活动和健康饮食。"

想要降低患阿尔茨海默病的风险吗？越来越多的证据表明，几种生活方式可能有助于你的思维能力和记忆力保持强大。我们将在第5步学习更多关于健康饮食和锻炼的知识，并在第6步进一步了解社交活动的重要性。

在特殊情况下，腰椎穿刺可以帮助确诊阿尔茨海默病

> "有没有方法能够确定大脑中有没有你所说的斑块和缠结？"苏问。
>
> "一般来说，我们通过评估来诊断阿尔茨海默病，就像你刚

才所做过的那样。"神经心理学家解释道,"我们先听听有什么问题,做纸笔测试、血液检查、磁共振或CT扫描大脑,以及神经系统评估。在某些特殊情况下,我们可以做特殊测试来检测大脑中的淀粉样斑块。例如,如果一个人62岁,看起来像得了阿尔茨海默病,我们会推荐一种特殊的检查来确认诊断,因为62岁得阿尔茨海默病相当罕见。"

"那么这种测试是什么?"苏问。

"腰椎穿刺,也就是脊椎抽液,观察淀粉样蛋白和Tau蛋白的水平,它们分别形成斑块和缠结。如果水平异常,那就证明大脑中确实有阿尔茨海默病的斑块和缠结。"

在某些特殊情况下,比如患者年龄低于65岁,却高度疑似患阿尔茨海默病,那么分析脊髓液中β-淀粉样蛋白和Tau蛋白的水平可以帮助确诊。活动或行为的早期变化也属于特殊情况。我们通常不使用这个测试是出于两种原因:一是大多数人并不需要这种测试,因为医生可以直接诊断;二是目前这种测试的正确率约为85%—90%,另10%—15%为无结论甚至误诊。

腰椎穿刺,俗称脊椎抽液,也许听起来很可怕,但它实际上是一种非常安全的简单检测。对大多数人来说,它比静脉注射要轻松得多。如果医生建议你做腰椎穿刺,你可以坐着或侧卧,背对医生,沉下肩膀,抬起膝盖,蜷缩成球状。医生会找到正确的位置,消毒,上点麻药(如同在牙医诊室),插入一根极细的针,抽取少量脊髓液。

淀粉样蛋白PET扫描可以确诊阿尔茨海默病，但不能用医疗保险或其他保险支付

"我们也可以做淀粉样蛋白PET扫描，它可以显示大脑中是否有斑块。"神经心理学家说。

"什么是PET扫描？"约翰问。

"它就像'由内而外'的X射线。发射器发出X射线，穿过你的身体，然后在胶片或X射线探测器上成像。在淀粉样蛋白PET扫描中，有一种小分子通过手臂的静脉注射进入大脑，如果大脑中有淀粉样斑块，它就会黏附在这些斑块上。通过辐射，这些分子的影像就会在X射线探测器上呈现出来。"

"好的，如果需要的话，我愿意做脊椎抽液，但我更倾向于PET扫描。"苏说。

"未来，我们可能会常规要求做淀粉样蛋白PET扫描。但现在，尽管它得到了美国食品药品监督管理局批准，但医疗保险公司却不买单。"

"那怎么办？"约翰问。

"目前，人们要么自掏腰包支付几千美元，要么将扫描作为临床试验的一部分——这是一项旨在测试阿尔茨海默病新疗法的研究。PET扫描没有医疗保险，而腰椎穿刺我们一般也不推荐，除非它会影响我们对你的治疗方案，所以这两种特殊检测都不是常规测试。"

淀粉样蛋白PET扫描识别阿尔茨海默病斑块的正确率可以达到90%—95%。然而，在大多数情况下，阿尔茨海默病的诊断是明确的，不需要这些扫描。与腰椎穿刺一样，在特殊情况下，它们可能会有帮助。目前，淀粉样蛋白PET扫描并不纳入医疗保险或其他健康保险。如果这种情况发生改变，这些扫描很可能在未来得到更广泛的应用。

小　结

"也许我应该做一次淀粉样蛋白PET扫描，这样我就能知道大脑中是否有阿尔茨海默病斑块。也许我可以参加临床试验……"苏缓缓地说。

"如果你愿意，当然可以。但即使真的有阿尔茨海默病，我们认为更重要的是先解决安眠药、酒精、维生素B12、维生素D，还有甲状腺激素不足的问题。我们和你的初级保健医生一起来解决这些问题，三个月后你再回来复查记忆力，看看情况如何，怎么样？我希望这些问题解决后，你的思维和记忆会得到明显改善。"

"好，听起来不错。"苏表示同意。

阿尔茨海默病是一种淀粉样斑块在大脑中积聚的疾病。这些斑块损伤脑细胞，使细胞发生缠结，缠结又进一步破坏细胞。阿尔茨海默病先从无症状开始，接着发展为轻度认知障碍，再到非常轻微、轻度、中度、重度痴呆阶段。年龄、女性、家族史和头部外伤是该病的风险因素，而教育、智力、有氧运动、社交活动和健康饮食可以预防该病发生。最后，腰椎穿刺或PET扫描可以帮助确诊阿尔茨海默病，但它们只在特殊情况下使用。

接下来用一些例子来说明我们在本章中学到了什么。

- 有人告诉你，你有阿尔茨海默病所致的轻度认知障碍。这是否意味着你已经痴呆？

　　不是。阿尔茨海默病有不同阶段。在轻度认知障碍阶段，阿尔茨海默病斑块和缠结导致思维和记忆困难，但日常功能正常。

- 朋友告诉你，你对阿尔茨海默病无能为力，如果我们活得足够长，每个人都会得这种病。这是真的吗？

　　不是。虽然阿尔茨海默病在老年人中更为常见，但许多人活到90岁或100岁都没有得病。有氧运动、社交活动和健康饮食都有助于降低患病概率。

- 我的父亲或母亲在75岁左右患上了阿尔茨海默病。这是否意味着我得这种病的概率是50%？

　　不是。不过与无家族史的人相比，你的患病概率会增加两到四倍。

- 我有记忆问题，但没有阿尔茨海默病家族史。这是否说明一定是其他原因导致了我的记忆问题？

　　虽然无家族史的人患阿尔茨海默病的风险较低，但随着年龄的增长，每个人都有患病风险。

- 我担心自己的记忆力,并且能够支付淀粉样蛋白PET扫描费用。我是不是应该让医生给我做扫描,不用管其他评估?

  不应该。即使扫描结果表明你有阿尔茨海默病,也可能有其他可治疗的因素会损害记忆力,而这些因素只有在常规评估中才能确定。

第9章

什么是血管性痴呆和血管性认知障碍？

在第8章了解了阿尔茨海默病之后，我们准备讨论其他可能导致思维和记忆问题的常见疾病。本章将介绍脑血管疾病（通常称为中风），它通常会导致认知障碍，有时是产生思维和记忆问题的唯一原因。

一小部分脑细胞缺血死亡之后引起中风，即血管或脑血管疾病

我们上一次提到杰克是在医生办公室。医生刚刚告诉杰克，他有轻度认知障碍，尽管日常功能正常，但思维能力和记忆力已经有轻度损伤。杰克和女儿萨拉正和医生谈话，现在让我们来看看杰克的情况。

"医生，是什么原因导致我的'轻度认知障碍'？"杰克问。

"我觉得实际上有两个病因。"

"两个？！"杰克叫道，"你是说我有两种病？是什么？"

"爸爸，别打断，医生正要告诉我们呢。"萨拉说。

"我知道，对你来说这不是一次轻松的谈话。我保证我会解释一切，回答你所有问题，你可以随时打断我。"她说着，停顿了一下，露出一丝微笑，"按你目前这个年龄，72岁，你出现的这种非常轻微的记忆障碍可能由阿尔茨海默病引起。我认为这是第一个病因。"

她停下来，继续看着杰克。杰克点点头，下巴绷得紧紧的。

"好的，医生。"他说，"那另一个病因呢？"

"你的脑部磁共振扫描显示，你有过一些非常小的中风，我认为它们可能是导致你记忆困难的一个因素。"

"中风是什么？"萨拉问道。

"中风是由于动脉（将血液从心脏输送到大脑的血管）堵塞，大脑的一部分无法获得足够的氧气和其他营养物质，大脑中被阻塞的部分就会死亡。"

"那为什么会中风呢？"萨拉问道。

"大多数中风主要有两个因素。第一个是胆固醇在动脉内壁积聚，导致动脉血管变得狭窄，阻碍血液流动。第二个是血凝块，血凝块形成要么是因为心脏泵血功能不好，要么是因为血液本身太黏稠。这些血块会进入狭窄的动脉并堵塞血管。"

当动脉被堵塞，无法将血液从心脏输送到大脑，这部分大脑就会因缺血而死亡，引起中风。中风与血管有关，所以它通常被称为"血管病"，有时也被称为"脑血管病"，以强调问题出在大脑血管。

通过服药和改变生活方式降低中风风险

"好的,我想我明白什么是中风了。"萨拉说,"那为什么人们会中风呢?"

"我们知道一些导致人们中风的因素,包括各种心脏病(比如心律不齐、心脏病发作等)、高血压、高胆固醇、糖尿病、吸烟、缺乏锻炼,还有,你相信吗,只是因为年纪大了。"

"我知道我有高血压和高胆固醇,但你有让我吃药。"杰克说,"吃了药,还会中风吗?"

"好问题,我正想说这个问题。这些因素得到治疗后,中风风险会低很多,但风险日渐增加的趋势并不会完全消失。事实上,因为你中风过,我们会更积极地治疗你的高血压和高胆固醇,争取降低每一项指标。"

"我爸爸还能做些什么来避免中风吗?"萨拉问道。

"多锻炼身体、保持健康的体重、健康饮食、少喝酒,这些都有助于降低再次中风的概率。"

如果你有下列任何一种风险因素,中风的概率就会增加。好在,除了年龄无法控制,你可以掌控自己的生活,降低中风风险。与医生合作,确保你保持良好健康状况。如果你抽烟,今天就戒烟。学习如何锻炼身体、健康饮食(第5步)。与医生合作,维持健康体重。最后,如果你喝酒,要适量(第3步第6章,第5步第13章)。

中风的主要风险因素

疾病因素

- 曾经中风过
- 曾经有中风预警信号（短暂性脑缺血发作，简称TIA）
- 心脏病
- 其他血管疾病
- 糖尿病
- 高胆固醇
- 高血压

生活因素

- 吸烟
- 久坐不动
- 不健康饮食
- 肥胖
- 女性每天饮酒超过一个标准杯，男性超过两个标准杯

不可控因素

- 年龄：55岁以后，中风风险每十年翻一番

小中风通常悄无声息

> 杰克想起了邻居，他中风了，身体一侧瘫痪，不能说话。
>
> "我怎么可能中风了还不知道呢？"

"中风有很多种。有些中风是大动脉阻塞所致。这些'大中风'通常会造成明显的大问题,比如手臂或腿突然无力或麻木、突然失明或失语。也有'小中风',是大脑中微小的动脉堵塞所致。这些小中风通常悄无声息。事实上,除非中风多次,否则它们通常不会造成问题。"

本人和家人通常会立刻注意到大动脉阻塞引起的中风,但大脑中微小动脉阻塞引起的小中风通常悄无声息。要观察这些微小的中风,就需要脑成像研究,如磁共振或CT扫描。只有当这些微小的中风大量累积起来,才会导致思维和记忆问题。

血管性痴呆是由中风引起的痴呆,血管性认知障碍是由中风引起的轻度认知障碍

"是不是多次小中风之后,就会出现记忆问题?"萨拉疑惑地问道。

"是的,没错。"医生回答说,"多次小中风之后,才会出现思维和记忆问题,不过如果是大中风,一次就可能造成问题。如果思维和记忆因中风(不论大小)而受到影响,导致日常功能受损,我们称之为血管性痴呆。"

"但你之前说我没有痴呆。"杰克插话道。

"是的。以你为例,杰克,如果我认为你所有的记忆问题都是由中风引起的,我就把它称为'血管性认知障碍',表明是血

管疾病引起的轻度认知障碍,即思维、记忆有轻微问题,日常功能正常。"

正如第3步第7章所述,导致"痴呆"和"轻度认知障碍"的原因有很多。当中风是思维和记忆问题的主要原因时,如果日常功能受损,我们称之为"血管性痴呆",如果日常功能正常,我们称之为"血管性认知障碍"。

70岁以后,既有阿尔茨海默病又有小中风的情况很常见

"好的,医生,我想我明白了。"杰克说,"我有记忆问题,但日常功能还算正常,所以叫作'轻度认知障碍',是由中风和阿尔茨海默病共同引起的。"

"是的,杰克,我想是这样的。"

"中风和阿尔茨海默病这两种因素共同导致了记忆问题,这种现象是否不太常见?"萨拉问道。

"实际上,既有中风又有阿尔茨海默病的情况很常见。大多数70岁以上的人都至少有过几次这样的小中风。通常这些轻微无声的中风本身并不足以引起记忆问题,但如果同时又有阿尔茨海默病,这些小中风会使记忆问题加重。"

当中风是思维和记忆问题的唯一原因时,在出现记忆障碍之前的数周、数月或数年,通常会出现临床症状明显的大中风,影响力量、

感觉、平衡、行走、说话或视力。如果无中风病史或中风怀疑，仅在磁共振或CT扫描中偶然发现小中风，那么认知障碍的原因通常是小中风再加上阿尔茨海默病或其他疾病。

小　结

大大小小的中风都会损害大脑，引起思维和记忆问题，导致血管性认知障碍或血管性痴呆。大中风通常很明显，会导致手臂或腿突然无力或麻木，突然失明或失语，突然出现平衡或行走问题等。小中风很常见，但悄无声息，通常会导致阿尔茨海默病等脑部疾病患者出现认知问题。你可以通过健康管理、改变生活方式来降低中风风险。

接下来用一些例子来说明我们在本章中学到了什么。

- 你看到磁共振扫描报告上写着："微血管缺血性疾病，伴T2呈弥漫性高信号影"，这是什么意思？

    这是医学术语，意为看似有小中风现象。

- 医生说你有"轻度认知障碍"，CT扫描报告显示你患有"轻度到中度缺血性脑小血管病"，这是否意味着你有"血管性认知障碍"？

    不一定。虽然血管性认知障碍有可能是造成记忆困难的唯一原因，但也有可能除了小中风之外，你还患有其他疾病。

- 戒烟、健康饮食、锻炼身体、保持体重、适量饮酒真的很重要吗？

是的！积极地调整生活方式可以降低中风概率，改善和减缓记忆力衰退，让你感觉更好。

- 你从未中风，但医生说你的磁共振扫描报告显示你有过一次中风。这是怎么回事？

许多中风，尤其是小中风，是悄无声息的。换句话说，它们可能不会引起任何明显症状。

第 10 章

其他影响思维和记忆的老年脑部疾病有哪些？

前面我们已经了解了记忆丧失的两个最常见原因，阿尔茨海默病和脑血管疾病，接下来在第3步的最后一章，我们将介绍其他几种可能导致轻度认知障碍和痴呆的常见脑部疾病，包括路易体病/路易体痴呆、额颞叶痴呆、原发性进行性失语和正常压力性脑积水。

路易体病：帕金森病症状、视幻觉、表演梦境行为、难以集中注意力、记忆力受损

我们上一次提到苏的时候，她收到了记忆中心医生的反馈：她需要和初级保健医生合作，解决一些健康问题，改善生活方式，排除可能影响思维和记忆的因素。三个月以来，苏一直在处理这些问题。现在，她和丈夫约翰已经提早到达记忆中心，与其他病人及其家人一起等在候诊室里。

"很抱歉因为我的缘故来得这么早，"苏说，"我只是不想

迟到。"

"我同意。"约翰说。"交通没法预测。我知道你已经解决了上次来访时提出的问题,急于想知道自己的记忆力怎么样了。"

苏紧张地看着约翰,然后移开了视线。她觉得自己的记忆力没有任何改善。一直以来,她都在担心自己可能会患上阿尔茨海默病。她抑制不住悲伤、绝望和焦虑,感觉十分无助。

"别担心。"看到苏很悲伤,约翰安慰道,"不管发生什么,我们一起面对。"

"谢谢你,约翰。你真是太好了。"苏看着约翰说道,眼角涌出了泪水。她用手背拭去眼泪。约翰抓住她的手,捏了捏。苏感觉好些了,但又开始想,如果患上了阿尔茨海默病,他们的关系会怎么变化。

"有什么坏消息吗?"坐在她旁边的女人问道。

苏转过身看着那个女人。她满头白发,眼神慈祥,双手颤抖。

"还没有。"苏叹了口气,"但是我担心会有坏消息。"

"别再想啦,你只需踏踏实实过好每一天。"女人安慰道。

"谢谢。"苏说。

苏和那个女人互相介绍了自己和她们的丈夫。

苏注意到握手时那个女人的手又开始颤抖。

女人见苏在看她的手,说:"我看你已经注意到我的手在抖了。"

苏感到很尴尬,很快把目光转向别处。

"没关系。我得了路易体病,手抖是其中一种症状。医生说路易体病和路易体痴呆是一回事，只是我的日常功能正常，所以没有痴呆。"

"路易体病……"苏缓缓念道，"没听说过。"

"不是常见疾病，这是一种奇怪的病。就我来说，当我开始在卧室里看到一只动物，比如狗时，病症就开始了。我把丈夫叫醒，说：'卧室里有只狗！'但他告诉我：'卧室里什么也没有。对不对，亲爱的？'"

"是的，那里从来没有狗，什么都没有。"她的丈夫证实说，"不过你睡着之后四肢舞动，好似真的有只狗在追你。"

"没错，那是路易体病的另一个症状。"女人解释道，"我开始随梦境做肢体动作。我在床上舞动四肢，我可怜的丈夫不得不睡在另一张床上，这样他就不会因为我晚上不停地挥胳膊踢腿被弄得身上青一块紫一块。接着我的手开始颤抖。也不算太糟，但是，如你所见，已经很明显了。"

"手抖会影响你做事吗？"苏问。

"不怎么影响。当我真正用手的时候，抖动就会停止。当我什么都不做，只是休息的时候，就会手抖，这就是路易体病。"

"谢谢，但我还是搞不懂，你为什么在记忆诊所？"

"噢，对了，我忘记说了！这种疾病也让我很难集中注意力和记住事情。很多事情做起来比以前难多了，比如支付和结算账单。"

路易体病是一种会影响思维和记忆的常见疾病。如果日常功能受损，到了痴呆的地步，那么它也可以叫作路易体痴呆。它被称为路易

体病，是因为在显微镜下在患者大脑中发现了路易体，路易体是一种干扰脑细胞功能的异常的蛋白质聚集。帕金森病中也出现路易体，只不过在帕金森病中，路易体只存在于大脑的一个部位，这使得帕金森病患者具有共同特征：震颤、缓慢拖地行走、动作迟缓、字迹缩小、面部表情减少。而在路易体病中，路易体已经扩散到整个大脑，除了帕金森病的特征外，患者还经常出现视觉障碍（包括视幻觉）、表演梦境行为。一些帕金森病患者多年后会发展为路易体痴呆，因为此类路易体痴呆始于帕金森病，有时它也被称为帕金森病痴呆。

路易体病会损伤额叶，使患者在形成新记忆时难以集中注意力，并难以提取记忆。因为路易体病不会损害海马体，所以记忆一旦形成就不会丢失。但我们还应该注意到，路易体病和阿尔茨海默病并存的情况并不少见。这些人既有路易体病的特征，也有阿尔茨海默病的特征（第2步第3章，第3步第8章），包括海马体损伤和快速遗忘的情况。

路易体病 / 路易体痴呆 / 帕金森病痴呆的共同特征

帕金森病特征

- 震颤

- 缓慢拖地行走

- 动作迟缓

- 字迹缩小

- 面部表情减少

视觉障碍

- 出现视幻觉，看到人或动物

- 视力困难

表演梦境行为

思维和记忆问题

- 难以集中注意力
- 难以进行复杂的活动
- 难以形成和提取记忆

额颞叶痴呆影响性格、行为和认知

"这里每个人都有些问题,"女人继续说,"我给你介绍候诊室的其他人吧。"她把苏和约翰介绍给一位50多岁的男人和他的妻子。

苏注意到这个男人面无表情,而且就算直视他的眼睛,也无法与他进行眼神交流。

他的妻子解释道:"他患有额颞叶痴呆。一开始,他只是无法做完事情。比如,有一天他去割草,中途停下来休息,进来吃点东西,然后开始看电视。我问他是不是要把草割完,他只是简单地说:'不,我在看电视。'于是,割草机就这样放在了院子中间,草才割了一半。他应该把草割完,但他真的没有这个概念。最后,我不得不请附近的一个男孩做完剩下的工作。那件事一直萦绕在我的脑海里,我觉得他肯定是出了什么问题,因为我嫁的那个男人不会那样做。

同样的问题也发生在工作中。他的办公桌上堆满了项目,都只是完成了一半。工作的时候,他把大部分时间都花在玩电脑上了……"她慢慢地说着,稍作停顿,然后继续,"还有一件事,说出来有点尴尬,但我知道这只是疾病的一种症状。他开始在上班时间、在家看很多色情片。我说他在看电视或玩电脑,其时大部分时间都在看色情片。毫不奇怪,最后他丢了工作。"

听到男人的妻子在男人面前谈论这些隐私,苏感到有些不自在。但那男人似乎没有注意,或者说并不在乎。他坐在那里,饶有兴趣地看着她们,好像她们在讨论与他无关的事情。

"那时候你带他去看医生了吗?"苏问。

"不久之后就去了。当他没有兴趣再找一份工作时,我打电话给医生。我们看了医生,医生就推荐我们来这里。"

"我只能想象这种情况对你和你的家人来说有多困难。"苏说。

"是的,很难。"她叹了口气,"不仅仅在情感上难以接受。最近,我们还不得不把冰箱和碗柜都锁上,否则他会在晚上下楼来开始吃家里所有的食物。不管它是什么——一罐蛋黄酱或一盒蛋糕粉——如果我们不锁,他都会吃。"

额颞叶痴呆通常在某些方面与阿尔茨海默病不同。首先,尽管约1/4的额颞叶痴呆患者在65岁之后首次发现患病,但大多数患者在45岁至65岁之间就开始出现症状了。其次,额颞叶痴呆最显著的症状是性格、行为发生变化以及难以完成复杂活动,这些都与额叶功能不良有关。额颞叶痴呆患者的朋友和家人经常形容他们表现得像

"另类"。患者经常社交行为不当、举止粗鲁、决策冲动、做事粗心。通常他们毫无同情心或同理心，失去做事的兴趣、动力或动机。有些人会强迫自己做重复的动作。另一些人则表现出食物偏好的显著变化（通常是偏爱甜食）、暴饮暴食、烟瘾大、酗酒。额颞叶痴呆患者无法意识到或理解自己的行为有问题，是家人或朋友意识到了这种异常行为，带他们去医院。

毫无疑问，思维和记忆的变化与大脑额叶不能正常工作有关，导致在形成新记忆时很难集中注意力，也很难提取记忆。额叶也参与执行复杂的活动，所以使用新软件程序、准备美食、结算账单、安装新的电子设备，这些事情都变得很困难。

额颞叶痴呆的共同特征

一般特征

- 3/4患者介于45岁到65岁之间
- 性格显著变化，仿佛变了一个人

行为变化

- 社交行为不当，包括不当言论
- 无礼
- 冲动、鲁莽或粗心

冷漠或缺乏活力

- 失去兴趣、动力或动机
- 活动开始减少
- 疏于自我照料

失去同情心或同理心

- 对他人需求或感受的反应减弱
- 社交兴趣、人际关系、个人热情、社会参与减弱或减少

持续、刻板或强迫性或仪式性行为

- 简单的重复性动作
- 强迫性或仪式性行为
- 重复说同样的话

异常饮食行为

- 饮食偏好改变
- 暴饮暴食、烟瘾大、酗酒
- 把不可食用的东西放进嘴里

思维和记忆问题

- 难以集中注意力
- 难以进行复杂活动
- 难以形成和提取记忆

原发性进行性失语影响言语和语言

"再给你介绍介绍其他人。"那女人对苏说,"这位跟你一样,她以前也是老师。"

"很高兴见到你。"苏说。

"我也很高兴见到你。"她丈夫说。

双方握了手,但那老师一言不发。

"她得了医生所说的'原发性进行性失语'。"她丈夫说,"这意味着她说话有困难。"

"噢。"苏回应道,"那一定很令人沮丧。"

"……是的。"那老师说,"我知道……呃……但我说……说不出,这斯(是)我的温(问)题。"

"能写字代替吗?"苏问。

"不……更糟……呃……更难……写字。"

"但你能理解,对吗?"苏问。

"对……能理解……事实上……呃……他们不知道那……那是……呃……我可……他们以为我听不见……然后……你知道……"她慢慢地说。

"我想,"她的丈夫插话道,"她是在解释人们常常没有意识到她能理解大多数事情,所以他们表现得好像她听不懂,在她面前说话就好像她听不见或者说一种不同的语言。"

"噢,那太可怕了。"苏说。一时间大家都陷入沉默。苏觉得自己也很难说出话来。她大声说:"你介意我问一下这个病是怎么开始的吗?"

"我教……八年级……数学……"

"你教八年级数学?"苏插话道,"我教八年级英语!"

苏和那老师一起笑了。苏静静地等待,她意识到对方需要时间说话。

"……我有温(问)题……首先……呃……找到要数(说)的话……词……找词……术语……呃……数学术语……说不

出……学生发现……几次……呃……帮……帮我说……家长和老师抱怨我呃……有这个温（问）题……呃……好吧……现在……我想说……校长说我不能……呃……不能教书。"她说完，眼泪汪汪。

苏既同情又害怕，也哭了起来。

"好了，你们两个。"女人插话道，"别哭了。让我们保持乐观。记住，'活在当下'。"

苏尽量扬起微笑，但不确定自己是不是真的挤出了笑容。

你有过找词困难的经历吗？我们在第1步第2章中了解到，在正常的衰老过程中，想不起人名、地名和其他专有名词，这很常见。但如果你想不起普通单词，或者在言语和语言其他方面遇到困难，这可能是思维和记忆疾病的征兆。虽然言语和语言问题多见于常见的思维和记忆疾病，如阿尔茨海默病、血管性痴呆等，但也有一些患者首先出现言语和语言问题，即原发性进行性失语。

原发性进行性失语有三种常见类型。第一种，主要是找词困难，发音不准，理解力和语法正常。第二种，命名困难，难以理解单个单词，甚至难以理解东西的用途。最后一种，说话吃力、停顿、出错和混乱，语法错误，可以理解简单句，但可能理解不了复杂句。

原发性进行性失语的共同特征

一般特征

- 语言障碍是最显著的特征，尤其在最初阶段

- 语言问题影响日常生活

少词型（logopenic variant）

- 日常交谈和命名时难以想起单个词语
- 发音错误
- 难以重复短语和句子
- 理解力正常
- 语法正常

语义变异型（semantic variant）

- 命名困难
- 理解困难——即使是单个词语
- 理解一些事物通常有困难——不仅仅是事物的名称
- 阅读和写字困难

非流利型/语法缺失型（nonfluent/agrammatic variant）

- 说话很吃力、停顿，还会出现错误和混乱
- 语法缺失
- 对复杂句的理解可能受到影响

正常压力性脑积水：行走困难、尿急或尿失禁、注意力不集中

你是否出现走路变慢、尿急的情况？如果是，那么有必要和医生谈谈你是否患有正常压力性脑积水，这是为数不多影响思维能力和记忆力且可控的老年脑部疾病之一。此类患者大脑中有过量液体。

研究表明，使用分流管将大脑中多余液体排出后，思维能力和记忆力将不再衰退，行走能力、尿急现象将得到改善。

正常压力性脑积水常见的思维和记忆问题包括注意力不集中、容易分心、难以完成复杂的任务、对活动失去兴趣、思维和动作迟缓。在此病中，额叶功能受损，使得患者在形成新记忆时很难集中注意力，也很难提取记忆。但海马体没有受损，所以一旦记忆形成就不会丢失。正常压力性脑积水是一种罕见疾病，还有许多其他与衰老相关的疾病可能会导致思维和记忆问题、行走困难和尿失禁，但因为正常压力性脑积水通常可以成功治疗，阻止大脑功能衰退，所以在探索病因时，总是将其考虑在内。

正常压力性脑积水的共同特征

思维和记忆问题

- 注意力不集中
- 容易分心
- 难以完成复杂任务
- 对活动失去兴趣
- 思维迟缓
- 难以形成和提取记忆

行走困难

- 行走缓慢
- 小碎步
- 缓慢多步转身

- 平衡性差
- 有倒退倾向

泌尿问题
- 尿急
- 尿频
- 尿失禁

小　结

　　除了阿尔茨海默病和脑血管病外,其他影响思维和记忆的老年脑部疾病包括路易体病／路易体痴呆／帕金森病痴呆、额颞叶痴呆、原发性进行性失语、正常压力性脑积水。每一种疾病都会导致患者在思维、记忆、语言、行为和行为方面产生特定变化,让你的医生知道它们可能是患者记忆困难的原因。

　　接下来用一些例子来说明我们在本章中学到了什么。

- 一开始你的记忆有点问题,现在你有好几次在醒来或入睡时看到一个人或一只动物,但其实他们并不存在。这是不是意味着你快疯了?

　　当然不是。看到不存在的人或动物可能是路易体病的征兆。跟医生说说这些症状,有一些药物可以帮助治疗。

- 几个月来,你发现自己有找词困难的情况,现在你想知道这是否意味着你患上了原发性进行性失语。

你可能患有原发性进行性失语，但找词困难的情况十分多见，这也可能是更常见疾病的症状，如阿尔茨海默病或血管性认知障碍，或单纯只是正常衰老的迹象。

- 你走路变慢了，并出现尿急现象。你是否应该和医生谈谈你是否患有正常压力性脑积水？

  是的。正常压力性脑积水是影响思维和记忆的老年疾病中最容易治疗的一类。及早发现和治疗，效果更好，所以今天就预约去看医生吧。

- 你发现57岁的丈夫行为古怪。他一直以来都温和体贴，但最近你被查出癌症，他似乎并不关心。现在他独处的时间越来越长了。你担心他可能很沮丧，尽管他看起来并没有十分悲伤。最近，他也不上班了，你不确定他是被解雇了，还是单纯旷工。这到底是怎么回事？

  如果你的爱人有上述行为，一定要带他（她）去看医生。额颞叶痴呆、脑瘤、抑郁症、吸毒或酗酒都是可能的原因。

随着本章进入尾声，我们已经完成了第3步：了解记忆丧失的原因。现在你明白了痴呆这个术语的含义，以及它与轻度认知障碍和主观认知下降的区别。你也已经了解记忆丧失的常见原因，如阿尔茨海默病和脑血管疾病（中风）以及一些不太常见的疾病。医生还需要考虑并"排除"一些重要问题，如缺乏维生素、慢性感染、脑瘤、睡眠问题和药物副作用。了解记忆丧失的原因后，我们将进入第4步——治疗记忆丧失。

Step 第4步 4

治疗记忆丧失

在第4步中,我们将了解一些治疗记忆丧失的医学方法,包括治疗引起记忆丧失的疾病,如阿尔茨海默病。我们将讨论目前可用的和正在研究的治疗方法,以及如何治疗经常伴随(或担心)记忆丧失的焦虑和抑郁症状。

第 11 章

哪些药物可以治疗记忆丧失和阿尔茨海默病？

我们已经了解记忆丧失的主要原因，接下来就准备讨论治疗方法了。我们将集中讨论阿尔茨海默病的治疗方法，但也会提到这些方法何时也能帮助治疗其他导致记忆丧失的疾病。我们还将讨论目前正在研究的新疗法，这些疗法可能在未来几年内推出。总而言之，目前已经有不错的治疗方法，以后可能会有更好的选择。

治疗记忆丧失可以是对症治疗（治标），也可以是对因治疗（治本）

我们上一次提到杰克时，医生刚刚告知杰克，她认为他有轻度认知障碍，由阿尔茨海默病和脑血管疾病（中风）共同引起。现在让我们来听听医生如何向杰克和他女儿萨拉解释治疗方法。

"好的，医生。"杰克说，"现在我知道自己记忆丧失的原因了，有什么解决办法吗？"

"当然。"医生说，"我给你开一种改善记忆的药。"

"听起来不错。"萨拉说，"它会阻止阿尔茨海默病的进展吗？"

"好问题。药物治疗阿尔茨海默病有两种基本方法。第一种，它可以减缓或真正阻止脑部疾病的进程；第二种，它可以帮助改善思维和记忆，即使它对潜在的脑部疾病没有任何作用。"

"我感觉没怎么听懂，医生……你能再说一遍吗？"杰克问。

"当然可以。让我们把记忆丧失的过程想象成一个滴答作响的时钟。现在，如果有一种药物可以真正阻止疾病的发展，那就好像时钟停止了一样。"

"那太好了。"萨拉说。

"是的。"医生说，"那很好，但不幸的是，目前没有任何药物可以做到这一点。"

萨拉看起来很失望。

"现在我们还不能完全阻止这种疾病的发展，接下来要考虑的是，我们能否让它慢下来——让这个时钟慢下来。"

"那太好了，医生，那有没有什么东西可以真正提高我的记忆力呢？"杰克问。

"当然有，这就是我想开的药。改善思维和记忆的药物可以把'记忆时钟'倒拨到之前的时刻，但它们不会改变时钟滴答滴答的速度。也就是说，这种药物有助于治疗症状，思维和记忆都能得到改善，但因为这种药物并没有改变潜在的阿尔茨海默病的进程，时钟滴答滴答的速度——疾病的进展速度——是一样的。"

◇ — ◆

假设你鼻窦感染，脸部剧烈疼痛、头痛、发高烧。你去看医生，医生让你服用一种治疗疼痛、头痛和发烧的止痛药——布洛芬。她还开了一种抗生素来杀死引起感染的细菌。第一种药物布洛芬可以治疗感染的症状，第二种药物抗生素能治疗感染的根源。

治疗阿尔茨海默病也是如此。一些治疗方法可以通过改善思维和记忆来治疗阿尔茨海默病的症状。其他治疗方法无法改善症状，但能解决阿尔茨海默病的潜在病因——斑块和缠结（参见第3步第8章）。我们将讨论这两种治疗方法，但请注意，目前只有治标方法被美国食品药品监督管理局批准，治本方法——解决阿尔茨海默病潜在病因的治疗方法，仅用于临床试验。

胆碱酯酶抑制剂倒拨"记忆时钟"

"我给你开的药叫多奈哌齐。你可能听说过它的商品名——安理申。虽然已批准该药用于已到痴呆阶段的阿尔茨海默病患者，但根据我的经验，它对那些处于轻度认知障碍阶段的患者效果很好。"

"它的工作原理是什么？"萨拉问道。

"它可以阻止大脑中一种叫作乙酰胆碱的化学物质分解。"

"这种药能改善我的记忆力吗？"杰克问。

"能。大多数服用多奈哌齐的人的记忆力都会得到改善，相当于把'记忆时钟'倒拨到6—12个月前。"

"你是说我的记忆力会像半年前或一年前一样？"杰克问。

"是的，很有可能。有些人可能只倒拨了一个季度，对他们来说此药影响较小或没有影响。但大多数人的记忆力得到了改善。"

"药效能够维持多久？"萨拉问道。

"只要坚持服用，它就会起作用。但请注意，尽管它可以'倒拨时钟'，但它无法阻止时钟滴答滴答地走下去。"

"因为它不治本？"萨拉问道。

"是的，没错。随着时间的推移，你的记忆力仍然会变差，"她看着杰克说，"药物不能阻止阿尔茨海默病的进展，但服药后你的思维和记忆总比不服药时好。"

"如果停止服用会怎么样？"杰克问。

"你的记忆力大约会在两周内衰退，这通常是6—12个月的衰退幅度。"

"那我就一直吃，我不希望这种事发生！"杰克回答道。

"有副作用吗？"萨拉问道。

"大多数服用的人没有任何副作用，但可能有1/10的人感到胃部不适、食欲不振、恶心、便溏或偶尔呕吐。大约1/15的人晚上会做逼真的梦，不一定是噩梦，但通常无论做什么梦，都感觉非常真实。也许1/30的人会流鼻涕、唾液增多或肌肉酸痛。也许1/1000的人会心率减慢。"

"我们怎么知道爸爸的心跳是不是变慢了？"萨拉问道。

"他可能会感到头晕，就像会晕倒一样，或者真的晕倒。如果出现任何一种症状，你要马上打电话给办公室或拨打急救电话。我们现在给他量一下脉搏，看看他的心率，等他服药一段时间后再给他量一次。为了安全起见，我们还要检查心电图。对于这种药还有其他问题吗？"

杰克摇了摇头。

"好的，我先给你每天5毫克的剂量，持续一个月，然后再给你10毫克，让你的身体慢慢适应药物，减少副作用的发生概率。两三个月后再来复诊，看看药物治疗情况。如果在那之前有任何问题，请打电话给办公室。"

多奈哌齐（有非专利药，也有专利药——商品名安理申）、卡巴拉汀（有非专利药，也有专利药——商品名艾斯能）和加兰他敏（仅有非专利药）被称为"胆碱酯酶抑制剂"，能够抑制胆碱酯酶分解乙酰胆碱。乙酰胆碱是大脑中一种对思维和记忆非常重要的化学物质。阿尔茨海默病、路易体病和脑血管病都会导致乙酰胆碱减少。胆碱酯酶抑制剂通过阻止乙酰胆碱分解，有助于使乙酰胆碱水平恢复正常。从真正意义上来说，阿尔茨海默病和其他同类疾病破坏了大脑中化学物质的平衡，而胆碱酯酶抑制剂有助于恢复这种平衡，改善思维和记忆。

虽然胆碱酯酶抑制剂被美国食品药品监督管理局批准用于阿尔茨海默病和路易体病这两种病的痴呆阶段，但我们通常在轻度认知障碍阶段和血管性认知障碍阶段就开始使用它们。我们的想法很简单，如果你想要"记忆时钟"倒拨6—12个月来改善你的记忆力，那么最好在你认知功能还可以的时候就服药。此外，有证据表明，患者服用这些药物，阿尔茨海默病的痴呆阶段至少可以推迟一年。

这些药物的耐受性相对较好，副作用主要有胃部不适，有时会引起食欲不振、恶心和便溏。心率减慢是一种罕见但严重的副作用，因此，如果你正在服用某种胆碱酯酶抑制剂，但是感到头晕，或者几近晕厥，你应该立刻通知医生或者拨打急救电话。如果你服用一种胆碱酯酶抑制剂（例如多奈哌齐）产生了副作用，那么另一种（例如加兰他敏）可能对你更有效。卡巴拉汀贴片不是药片，对胃部的副作用较小，但有点麻烦，通常需要另一个人每天帮助贴上再撕下。

大多数人服用这些药物效果很好，并且需要终身服药。不过胆碱酯酶抑制剂仅仅治标，它们可以使你的"记忆时钟"倒拨到半年前甚至一年前，但它们不能阻止时针滴答滴答地走下去。这意味着，即使你注意到你的思维能力和记忆力随着时间的推移变得越来越差，但药物很可能仍然对你有效。停止服用胆碱酯酶抑制剂后，大多数人会在大约两周内出现相当于6—12个月的功能衰退幅度。因此我们建议，如果你刚开始服用药物时未出现不良反应，请坚持服用。

你和家人的感觉以及后续测试都证实药物是有效的

两个月后,杰克和女儿萨拉复诊。

"嗨,杰克,服用多奈哌齐后感觉怎么样?记忆力有改善吗?有副作用吗?"

"很好,医生。"杰克答道,"和你说的一样,我觉得我的记忆力恢复到了一年前。我现在可以更好地记忆日程表,也不会有记错时间或地点的情况出现。"

"我同意。"萨拉插话道,"我看得出来,爸爸现在可以更轻松地记住事情。"

"太好了。有什么副作用吗?"

"刚开始服药的几天,我确实感到恶心,后来增加到10毫克剂量,又恶心了几天。但之后就不会了。"杰克回答道。

"这很常见。还有其他副作用吗?"

"没有什么副作用,除了那些梦!医生,你说过可能会做逼真的梦,你没有开玩笑。这些梦实在太痛快了。"

"这么说这些梦没有困扰你?"

"一点也没有……我每次都迫不及待要上床睡觉,看看接下来会梦到什么。"

"好的,我很高兴你能享受这些梦。"医生笑着说。

有人在敲门。

"进来。"

护士走进诊室。

"杰克,我让护士陪你再做一遍之前做过的简短纸笔测试。"

"别,别再考了!"杰克惊呼道。

"来吧,爸爸,不会那么糟的。"萨拉说。

"这将帮助我们确认药物是否对你有帮助。"医生解释说。

"好吧……我想我可能还记得其中一只动物和一个单词。"杰克大声地自言自语。

"这次我们会用不同的测试版本,所以动物和单词会有所不同。"护士解释道,"当我们在几个月内重复测试时,我们总是使用不同的版本。"

"好极了。"杰克嘟囔道。

每当开始服用一种新药物,我们总想确认它是否有效。对于那些试图改善思维和记忆的药物,我们总是希望了解三种信息:你觉得药物是否有效,你的家人觉得药物是否有效,以及后续的你的思维和记忆纸笔测试的结果。

如果药效明显,按目前的剂量继续服用即可。如果药物似乎没有作用,也没有副作用,我们可以试着增加剂量,例如,我们可以尝试15毫克的多奈哌齐。如果药物不起作用,却有一些副作用,我们可以试着换一种胆碱酯酶抑制剂,如加兰他敏缓释剂或卡巴拉汀贴片。

美金刚对中度或重度痴呆患者有帮助

杰克和护士一起去做纸笔测试。

"我一直在做一些关于阿尔茨海默病的研究，我了解到除了多奈哌齐之外，还有别的药物，叫美金刚。我爸爸需要服用美金刚吗？"萨拉问道。

"不用，至少现在不用。"医生回答说，"美金刚，商品名Namenda，对那些处于中度至重度痴呆阶段的患者很有帮助。它主要有助于改善疾病后期的问题，如集中注意力、提高警觉性和主动性。它不能改善记忆力，所以你父亲不大可能从中受益。"

"试一试有什么害处吗？"

"嗯，这是个好问题。副作用主要是困倦和意识混沌，尽管……"

"困倦和意识混沌！"萨拉插嘴，"我当然不希望我父亲出现那样的问题。"

"只有小部分患者有这些问题，但有趣的是，副作用在像你父亲这样的有轻微记忆问题的患者中更常见。这就是我不让此类病人服用美金刚的原因。"

"好的，明白了，听起来现在还是不吃为好。"

美金刚（有非专利药，也有专利药Namenda）通过与大脑中两种化学物质相互作用而发挥药效。它可以对一种叫谷氨酸的化学物质起到抑制作用，同时对一种叫多巴胺的化学物质起到促进作用。这两种化学物质在阿尔茨海默病的早期一般不受影响，但会在后期中度和重度痴呆阶段受到影响。这就是为什么我们一般不会给有轻微记忆问题的病人开这种药的原因之一。

美金刚被美国食品药品监督管理局批准仅用于治疗阿尔茨海默病，但除了阿尔茨海默病中度至重度痴呆阶段患者之外，美金刚对大多数血管性痴呆患者、路易体痴呆患者的治疗效果也很好。在欧洲，美金刚被批准用于治疗血管性痴呆。根据我们的经验，美金刚不仅对血管性痴呆有效，对路易体痴呆也有帮助。

困倦和意识混沌是我们观察到的最为常见的副作用。由于许多中度至重度痴呆患者已经出现了困倦和意识混沌的症状，我们通常希望听到患者的家人告诉我们，坚持服药已经有了明显改善。我们最不愿意做的就是开一种会引起困倦和意识混沌的药！

临床试验提供尚未批准的药物

有人敲门。

"进来。"

"26分！"杰克微笑着走进来，热情高涨地说，"我高了3分，从23分到26分！我又回到正常范围了！"

"太好了，爸爸。"萨拉笑着说。

"这正是我们所期望的。"医生说，"大多数人在服用多奈哌齐或类似药物后，测试成绩会提高2到3分。今天我还想再提一件事。开药那天，我们讨论了治疗阿尔茨海默病的药物的不同作用方式。我当时说，有些药物是治标的，比如多奈哌齐，通过倒拨'记忆时钟'改善思维和记忆，而其他药物则可以治本，减缓病程进展的速度，也就是时钟滴答滴答的速度。"

"但我认为没有任何药物可以减缓阿尔茨海默病的进展速度。"萨拉说。

"目前还没有任何这类药物获得食品药品监督管理局批准,但有一些药物正在研发中,待审批。因为它们没有被批准,所以还处于临床试验阶段。这就是现在我想和你们一起讨论的问题。"

"什么是'临床试验'?"杰克问。

"为了了解一种新药是否安全,以及是否达到预期效果,研究人员将服用新药的一组与服用安慰剂的另一组进行比较,安慰剂也就是假药丸,它看起来像真药丸,但实际没有任何作用。两组都受到严密监测,以观察药物是否有效以及可能出现的任何副作用。这就是临床试验。"

"那这是研究吗?"萨拉问道。

"是的,没错。"医生肯定道,"临床试验是研究的一种。"

"我还能继续服用我目前服用的药物吗?"杰克问。

"当然可以,你可以继续服用多奈哌齐。你可能参与的任何临床试验都不是已批准的标准治疗方法。事实上,大多数阿尔茨海默病的试验都要求你服用多奈哌齐或类似药物。"

"临床试验听起来不错。"杰克小心翼翼地说,"不过,医生,这要花多少钱?"

"实际上,临床试验不需要任何费用。所有费用都由生产该药物的公司支付。"

"好,你可以帮我报名!"杰克说,"只是,我想加入服用药物的一组,而不是服用安慰剂的一组。"

"我刚刚没说清楚，在临床试验中，你不能选择是服用药物还是安慰剂，这是随机分配的。"

"那如果我服用安慰剂会怎么样呢？"杰克问。

"我再说得明白一点，加入临床试验肯定有利弊。好处是，你可能有机会在一种新药物上市之前服用它；坏处是，你可能并没有服用药物，只服用了安慰剂。此外，就算真的服用了新药物，它也可能会产生副作用，也可能不起作用，或者两者都有——评估这些要素就是新药物进行临床试验的部分原因。"

杰克不确定地看了看萨拉。

"在临床试验中，我爸爸需要做什么？"萨拉问道。

"每次试验都有点不同，但一般来说，他会先做一些纸笔测试……"

"还有测试！"杰克插嘴道。

"是的。"医生笑着说，"测试之后，还要抽血、测心电图，通常还要进行一次或多次脑部扫描。"

"比如磁共振？"杰克问。

"是的，没错。"

"我们需要多久来一次呢？"萨拉问道。

"在试验的最初阶段，你可能需要每6—7周来3—4次。然后每月或者隔月来一次。"

"临床试验要持续多久？"萨拉问道。

"通常是6—24个月。每次试验都有点不同。"

已批准的记忆药物是有效的,我们推荐并开出这些药物。如上所述,它们可以使"记忆时钟"倒拨6—12个月。减轻病症非常重要,它可以改善患者及其家人的生活质量。然而,我们的目标是为那些感兴趣的人提供更多的机会。阿尔茨海默病的理想治疗方法不仅要倒拨"记忆时钟",而且要减缓记忆力衰退的速度。在撰写本书的时候,还没有一种治疗方法经证明可以减缓阿尔茨海默病的进程,并得到美国食品药品监督管理局批准。目前,唯一有可能接受这种治疗的方法是参与临床试验。因此,我们建议所有患者都考虑临床试验。

临床试验并不适合所有人。很少有人愿意回到医生办公室去做更多的检查——抽血、测心电图和脑部扫描。有些人想服用真正的药物,不愿意服用安慰剂。另一些人则担心,如果他们服用了真正的药物,是否会产生未知的副作用。

不过大多数人实际上很乐意参与临床试验。临床试验是一种积极控制疾病并直接与之斗争的方法。多来几次医院并不是什么麻烦事,患者还能有更多时间咨询医生。而且参加临床试验的人,因为频繁地接受医疗检测,实际上比普通人得到更好的医疗服务。最后,参与临床试验的人也会感到欣慰,即使他们的参与最终不会直接帮助自身,他们也在为科学作贡献,这些知识可以为下一代带来更好的治疗方法,甚至可能是治愈的方法。

未来阿尔茨海默病的治疗方法可能有助于缓解症状和改变潜在的疾病进程

"那么这些新药有什么作用呢,医生?"杰克问。

"也许你想和一个正在进行临床试验的中心谈谈,了解具体细节,但据我所知,目前正在开发的阿尔茨海默病治疗方法至少有四种。首先,除了多奈哌齐之外,还有其他药物可以改善思维和记忆。"

"噢,那是另一种治标的药物吗?"萨拉问道。

"是的。虽然多奈哌齐之类的药物效果很好,但我们都希望有一种药物能够更有效地缓解症状。其次,还有一些可能治本的药物,可以减缓或阻止大脑中淀粉样斑块形成。"

"那就是阻止阿尔茨海默病发展吗?"杰克问。

"理论上可以阻止,但更现实地说,是让它慢下来。"

"太棒了!"杰克说。

"如果你觉得这个不错,那你应该会喜欢第三种治疗方法。"医生继续说,"用一种特殊的抗体,清除大脑中的淀粉样斑块。"

"抗体不是用来抵抗感染的吗,比如细菌的感染?"萨拉问道。

"是的,但我所说的抗体由实验室专门制造,可以黏附在淀粉样斑块上。一旦黏附成功,人体的免疫细胞就会进入,清除斑块,就像清除细菌一样。"

"听起来像我小时候读的那些科幻小说。"杰克说。

"确实,这些临床试验就像一个美丽的新世界。最后一种治疗方法是针对阿尔茨海默病的缠结。大多数科学家认为,要真正治愈阿尔茨海默病,我们需要同时清除斑块和缠结。"

为改善阿尔茨海默病患者的生活，目前有四种方法正在进行临床试验。第一种是调节大脑中不同的化学物质来改善思维和记忆，甚至比多奈哌齐等已批准的药物更有效。第二种是抑制淀粉样蛋白形成，从而阻止淀粉样斑块形成。第三种是利用抗体清除大脑中已经形成的淀粉样斑块。第四种是清除大脑斑块损伤脑细胞后形成的缠结。在未来，治疗阿尔茨海默病可能需要这几种方法结合使用。

让阿尔茨海默病成为一种可控疾病，而不是一种摆布你生活的疾病

"你真的认为会有治愈阿尔茨海默病的方法吗？"萨拉问道。

医生停顿了一下，然后说："我认为像阿尔茨海默病这样的病，我们要让它成为一种你可以和它相处的疾病，一种可控疾病，比如高血压或糖尿病。我们正在努力使阿尔茨海默病成为另一种慢性病，不让它摆布你的生活。"

"那太好了。"萨拉表示同意，"你觉得呢，爸爸？我们需要了解更多关于临床试验的信息吗？"

杰克想到了他自己和他的记忆问题，然后想到了萨拉，她还有很长的路要走，又想到了他的外孙女，人生才刚刚起步。

"当然。"杰克回答。

目前，针对阿尔茨海默病，我们仅有治标的方法。它们可以将病情倒退到6—12个月之前，却无法阻止或减缓潜在的疾病进程。目

前临床试验中的新疗法也许能够减缓阿尔茨海默病造成的损害，疗效可能是以前的四倍。未经治疗的阿尔茨海默病从轻度认知障碍发展到重度痴呆大约为6年到15年。如果我们能把这个时间段拉长两倍——12年到30年——那么通过治本的方法，我们可以把阿尔茨海默病变成一种可控疾病，如同高血压或糖尿病，而不是一种摆布你生活的疾病。

小　结

阿尔茨海默病和其他导致记忆丧失的疾病是可治疗的。如今，胆碱酯酶抑制剂（如多奈哌齐）可以倒拨"记忆时钟"6—12个月，从而改善思维和记忆。目前，新药物仅在临床试验中使用，有望减缓病情恶化。尽管治愈可能不现实，但我们的目标是让阿尔茨海默病成为一种你可以和它相处的疾病，就像其他任何慢性病一样。

接下来用一些例子来说明我们在本章中学到了什么。

- 朋友告诉你，像多奈哌齐（商品名安理申）这样治疗记忆丧失的药物只能短期有效，所以最好等到你真正需要的时候再服用。是这样吗？

　　不是。我们建议一旦知道记忆丧失是由阿尔茨海默病、路易体病或血管疾病引起的，就应该尽快服药。多奈哌齐之类的胆碱酯酶抑制剂可以使"记忆时钟"倒拨6—12个月，但它们不能阻止"时钟"继续滴答滴答走下去，因而无法阻止病情恶化，但这些药物仍然有助于改善记忆。

- 你已经服用多奈哌齐两个月了，但不确定它是否有效，记忆问题还是存在。不过你的配偶认为你的病情有好转，并解释说，尽管你仍然会忘记一些事情，但这种情况会少一些——就像去年那样。你应该继续服药吗？

  是的。我们所有人都很难客观地看待自己。家人可以给你一个重要的视角。同样重要的是，记住已批准的记忆药物并不是神药——它们可以减少记忆问题，却无法根治。

- 你已经被诊断出患有阿尔茨海默病引起的轻度认知障碍，并且已经服用多奈哌齐（商品名安理申）大约一年了。你担心自己的情况会越来越糟。医生应该给你开美金刚（商品名 Namenda）吗？

  美金刚已被批准用于中度至重度痴呆患者，我们的经验是，美金刚对于此类患者确实有效，但对症状较轻的人往往不起作用，甚至还会有困倦和意识混沌的副作用。

- 你正在考虑参与一项临床试验，但是一半的人将服用安慰剂。如果你最后可能被分配到安慰剂组，你还应该继续参与试验吗？

  临床试验并不适合所有人。试验的要求之一便是接受最终可能进入安慰剂组的结果。尽管临床试验可能对自身有帮助，但更可贵的是，参与临床试验可以为研究作贡献，研究可能会在未来帮助到他人。

- 你正在考虑参与一项持续 24 个月的临床试验，但又担心时间太久了。一旦开始了，一定得继续吗？

  你可以在任何时间以任何理由停止参与临床试验。尝试一下，如果不喜欢，就停下来，这没有什么错。
- 你了解到临床试验分两部分。第一部分，一半的参与者服用新药，另一半服用安慰剂。第二部分，每个人都服用新药，无人服用安慰剂。为何在第二部分每个人都服用新药？

　　许多临床试验设计为两个阶段：安慰剂对照阶段和开放标签阶段。在开放标签阶段，每个人都服用真正的药物。如果你对这样的临床试验感兴趣，可以与进行试验的医生和研究人员谈谈，了解更多信息。

第 12 章

记忆丧失或病情诊断结果让我感到有些焦虑和抑郁：我该如何处理这些情绪？

在我们的生活中，几乎没有什么疾病比记忆问题和阿尔茨海默病更令人恐惧了。如果你被诊断出患有记忆障碍或者你已经注意到自己的记忆问题，你为此感到担忧、焦虑或悲伤，这很正常。本章我们将讨论这些情绪以及如何管理这些情绪。我们将了解到，虽然这些情绪在意料之中，但你可以采取很多措施来减轻悲伤和焦虑。

当一个人担心记忆丧失、阿尔茨海默病、痴呆，并担忧未来时，焦虑是很常见的

苏还在记忆中心的候诊室里等待着复诊。在过去的三个月里，苏一直努力改善可能影响她思维和记忆的医学指标和生活方式。她感到很焦虑，有点想流泪。她的丈夫约翰看到了她的痛苦。

"怎么了？"约翰问苏。

苏试图回答这个问题，脑子里掠过各种想法。怎么了？约翰的话一直在她耳边回响。苏自言自语，我觉得不舒服，就是这样。我想我要吐了。我觉得很虚弱，很累……我想我要晕过去了。她能感觉到自己的心在胸腔里跳动。她心想，也许是因为我没睡好觉吧。约翰仍然耐心地看着苏，等着她回答。怎么了？她又自言自语重复了一遍。难道他不知道吗？他为什么问我？苏不敢大声说出来，因为那样只会让事情变得更糟，更真实。

"我很担心他们会告诉我，我得了阿尔茨海默病。"苏大声回答，哭了起来。

――――――――――――――――◇―✦

你可能发现记忆丧失让你有点焦虑，或者你可能非常害怕自己会得阿尔茨海默病。首先要理解一点，这些焦虑情绪非常普遍。许多人经历的思维和记忆的变化完全是年龄增长的正常现象，但他们常常担心这是阿尔茨海默病引起的。

也许你的情况有些不同。也许你刚刚被诊断为轻度认知障碍、阿尔茨海默病或其他疾病，对未来感到焦虑。我们已经在第四步中的第11章讨论了有效的药物治疗，在接下来的第5、第6、第7步中，我们将讨论如何掌控生活，改善思维能力和记忆力。

焦虑是一件棘手的事。信不信由你，你可能感到焦虑，甚至都没有意识到。焦虑可能影响3/4的失忆患者。焦虑除了产生紧张和忧虑情绪外，还会使身体出现许多症状，如心率加快、呼吸急促、出汗、恶心，甚至腹泻。许多人饱受焦虑之苦，却把自己的症状归咎于疾病。也许，其中的许多症状的背后隐藏着一个非常严重的健康问题，如心脏病。如果你有这些症状，一定要去看医生，寻找病因，看看是否有心脏病等。但如果医生已经"排除"了所有可能引起这些症状的病因，那么也许就是焦虑导致的。

焦虑的常见症状

- 感到紧张、不安或神经紧绷
- 感到危险、恐慌、厄运正在逼近
- 心率加快
- 呼吸急促
- 出汗
- 颤抖
- 感到虚弱或疲倦
- 注意力不集中
- 难以思考其他事情
- 肠胃问题
- 难以控制焦虑情绪
- 避免引发焦虑的事

当一个人担心记忆丧失时，悲伤也是很常见的

记忆丧失不仅会让人感到焦虑，也会让人感到悲伤。即使记忆变化是年龄增长的正常现象，不是疾病的症状，人们因此感到悲伤或

沮丧也很常见。当一个人被诊断为记忆障碍时，更有可能感到悲伤。接受诊断结果，就跟亲人去世、退休、离家等其他生活变故一样，需要有个适应的过程，人们可能会感到悲伤，这是正常的情绪反应。这些悲伤的感觉通常是暂时的，一般会自行消失。但如果悲伤持续很长一段时间（两周及以上），影响日常功能，我们通常称之为抑郁症。抑郁症不是正常的，不是年龄增长的自然现象。

抑郁症的常见症状，除了感到悲伤、自卑、内疚外，还包括睡眠困难、白天疲劳、行动迟缓、对生活失去兴趣、对未来感到绝望。抑郁症有时很难与记忆障碍区分开来。我们希望本书提供的信息能帮助你区分，但有时还是要请医生评估——例如，要确定是轻度认知障碍导致了抑郁症，还是抑郁症导致了轻度认知障碍。

老年人抑郁症的常见症状

- 感到悲伤
- 感到自卑或内疚
- 沉溺于过去的失败
- 泪流满面
- 即使一点小事，也容易发怒或沮丧
- 记忆困难
- 难以集中注意力
- 睡眠困难
- 白天疲劳，缺乏活力
- 食欲变化

- 经常想待在家里
- 行动迟缓
- 身体疼痛
- 对活动失去兴趣
- 对性失去兴趣
- 对生活失去兴趣
- 对未来感到绝望
- 经常有轻生的念头

焦虑和抑郁会影响思维和记忆

神经心理学家的助手走向候诊室里的苏，跟苏说要做一些纸笔测试。苏深吸一口气，站起来，用眼神示意约翰"走吧"，然后跟着助手走过大厅。

"请大声朗读下面的单词，并试着记住它们。"助手边说边在苏面前翻阅索引卡。

"飞机。"苏说。她心想：飞机，飞机，飞机……我得记住。

助手翻到下一个卡片。

"果酱。"果酱，果酱，果酱，还有……飞机……你可以的，苏，记住它们……

"足球。"苏念道。足球和果酱，另一个是什么？

"桌子。"苏说。我永远也记不住这些词。

"阁楼。"怎么会有人记得住？

"老虎。"我记不住。

"扇子。"我肯定得了阿尔茨海默病。

"手。"我得了阿尔茨海默病,所以我记不住。

"瓶子。"我的心在怦怦直跳。

"照片。"我感觉要晕倒了。

助理把卡片放好,看着苏。"你想休息一下吗?"

"不。"苏回答,"给我一分钟。我宁愿把它做完。"

"好的,没问题。准备好了告诉我。"

苏做了几次深呼吸,试着放松,感觉心跳开始恢复正常。她对自己说,必须平静下来。现在她感到不那么焦虑了。尽管还是早上,她已经感觉疲惫不堪。她觉得自己好像已经做了三个小时的测试,而不仅仅只是三分钟。苏在心里对自己说,我觉得好累。悲伤悄然涌上心头。她感觉自己得了阿尔茨海默病,这似乎已经很明显了,做测试已经没有意义了。来吧,你得挺过去。苏叹了口气。助理正看着她。"好吧,我准备好了。"苏说。

助手让苏进行两种不同的连点测试,并让她尽可能快地完成。苏把铅笔放在第一个点上,找到第二个点,然后画一条线。这看起来好难……以前也是这样吗?我已经越来越糟了吗?她寻找第三个点,找到了,然后画了一条线。她的手似乎移动得很慢,仿佛是在水下移动。三个点完成了,还有22个点。她又叹了口气,寻找下一个点。

苏又完成了几项测试。

"你还记得你之前大声朗读过的那些词吗?"

是什么？她的脑子里一片空白。噢不，我一个也想不起来了。苏感到她的心在胸膛里怦怦直跳。加油，苏，那些词是什么？她越努力地去想，脑子里就越是一片空白。我觉得头晕眼花。她感到一滴汗珠滴落下来。我一个词也想不起来了……这说明我得了阿尔茨海默病。"对不起。"苏大声说，"我一个也不记得了。"

助理展示了更多索引卡上的单词，问苏是否每个都是她之前大声朗读过的。

果酱，苏默念。"有。"她大声说。

乌龟。"没有。"

月亮。"没有。"

照片。"有。"

测试继续。苏很惊讶，她很容易就能分辨出哪些词是她以前大声朗读过的，哪些不是。至少这个我做得不错，苏心想。

焦虑和抑郁会干扰思维和记忆。我们在第3步第6章中曾提到，焦虑和抑郁会影响注意力和额叶功能，使记忆更难存储和提取。当一个人感到焦虑时，他（她）很难把注意力放在其他事情上，只会关注那件引发焦虑的事情。在抑郁状态下，行动可能会变得迟缓，任务似乎也变得更难了。重要的是，即使大脑完全正常，焦虑和抑郁也会干扰思维和记忆。

焦虑和抑郁可能会导致假性痴呆

大约10分钟后,苏和约翰舒服地坐在神经心理学家的办公室里。神经科医生也在那里。

"我做得怎么样?"苏紧张地问。

"我们很快就会和你一起查看测试结果,但我们想先回顾一下你目前的评估情况以及已经出来的医学检测结果。"

"好的。"苏回答。

"三个月前,上一次见到你的时候,我们谈到了要减少或停止服用非处方安眠药,保持每晚约8小时的正常睡眠,每天饮酒不超过一个标准杯,服用维生素B12和维生素D,并评估你的甲状腺功能。我这里有你的保健医生提供的病历,我看到你的维生素B12和维生素D水平现在正常了,甲状腺功能也正常了。那现在饮酒量、睡眠习惯以及服用安眠药的情况怎么样了?"

"事情进展得很顺利。"苏回答说,"我发现一旦我每晚只睡8个小时,我就不再需要安眠药了。现在晚上,我和约翰每人喝一杯葡萄酒或鸡尾酒,再喝一点加了酸橙的苏打水。我们不会再喝第二杯的。"

"好的,很好。"神经心理学家回答,"现在我想和你们一起看看今天的测试结果,但在此之前,我想问一下,在过去的几个月里,你的记忆力怎么样了?"

苏紧张地看了看约翰,然后又看了看神经心理学家。"我觉得情况更糟了。我觉得我什么都记不住了。我……我觉得我肯定得了阿尔茨海默病。"苏低声说道。

神经心理学家没有回应苏的话题，而是问："你最近心情怎么样？"

"心情吗？"苏问。

"是的，你感觉怎么样？"

"还可以，我觉得。"苏回答道，试着表现出"一切都好"的神情。

"苏。"约翰说，"我认为我们应该诚实地说出你的感受。坦白说，我一直很担心苏。我觉得她很沮丧。就跟她之前说的一样，她确信自己患有阿尔茨海默病，而这种想法让她感到恐惧。她变得爱流泪。"

苏眼圈泛红，一言不发。

神经心理学家直视着苏说："我今天不能说你是否患有阿尔茨海默病。我能说的是，你今天的测试结果与一些人非常一致，他们有的焦虑，有的抑郁，有的两者都有。"

"你是说焦虑或抑郁会损害我的思维和记忆吗？"苏问。

"这正是我要说的。如果一个人感到焦虑或悲伤，便很难集中注意力。如果你不能集中注意力，就很难记住事情。悲伤还会使我们变得行动迟缓，使任务看起来更难完成。"

许多老年人正在经历的一些思维和记忆变化，是年龄增长的正常变化，但他们将这些正常变化错误地归咎于阿尔茨海默病等疾病时，因而往往会变得焦虑，而这种焦虑情绪又会在日常生活中加剧记忆

力的衰退,从而形成恶性循环。"假性痴呆"一词甚至被用来形容一个人的抑郁程度非常严重,以致出现记忆丧失的情况,看起来就像痴呆。如果你发现了轻微的记忆问题或者被诊断为记忆障碍,并因此感到焦虑或悲伤,那么实际上可能是你的焦虑或悲伤使你的思维和记忆状况变得更糟。

情绪变化可能是心理和生理因素共同作用的结果

他们又花了几分钟与苏谈论她的情绪。医生解释说因为她既抑郁又焦虑,很可能这些情绪干扰了她的思维和记忆。

"我从没想过担心记忆力会让情况变得更糟,但我就是忍不住……"苏哽咽着说。

"可以理解。关于抑郁和焦虑,我们知道一点,它可能是我们遭遇了某些事情之后产生的反应,也可能只是由大脑中的变化引起,有时两者兼而有之。"

"什么意思?"约翰问。

"因为亲人去世之类的事情而悲伤是正常的,因为担心患重病而焦虑也是正常的。这些是可能发生在我们身上的外部事件。此外,如果大脑内部的化学物质发生变化,打破了平衡,人们也更有可能感到悲伤或焦虑。"

"是什么导致了大脑中化学物质的变化?"苏问。

"许多脑部疾病都会导致这种情况,比如中风等脑血管疾病和阿尔兹海默病之类的记忆疾病。"

"你是说阿尔茨海默病正在改变我的情绪和记忆力吗？"苏又苦恼地问道。

"没有。我只是在解释很难走出抑郁和焦虑的原因之一是，随着情绪的变化，大脑也会发生生理变化。即使根本没有大脑疾病，抑郁和焦虑本身也会破坏大脑中化学物质的平衡。一旦这些化学物质失衡，没有干预就很难摆脱抑郁和焦虑。"

我们的情感，包括焦虑和抑郁等情绪，会影响大脑工作，使记忆和思维变得更加困难；反之亦然，阿尔茨海默病等记忆障碍引起的大脑内部变化会影响我们的情绪和行为。当然，情绪和行为的变化也可能是由外部生活事件引起的，比如退休、病情加重或亲友去世。因为生活事件的外部因素和大脑化学物质变化的内部因素都可能对情绪和行为造成影响，或者同时影响，所以通过谈话疗法、药物治疗，或者双管齐下来解决潜在原因时，效果最佳。经过有效治疗后，由抑郁或焦虑引起的思维和记忆障碍可以得到改善。

药物可以恢复大脑中化学物质的平衡，帮助改善情绪，缓解焦虑

"我们推荐几种方法来改善你的情绪，缓解焦虑。"神经科医生继续说道，"我会介绍一些药物治疗方法，然后我们的神经心理学家将介绍一些非药物治疗方法。"

"这些药物是怎么起作用的？"苏问，"我不想服用一些会让

我感觉到累或者让记忆力更糟的东西。"

"好问题，相信我，给你开一种会让你感到疲惫或损害你记忆力的药，是我们最不愿意做的事情。我推荐的都是百忧解类药物，我们称之为"SSRIs"，是选择性血清素再吸收抑制剂的简称。"

"它们会帮助恢复大脑中的平衡吗？"苏问。

"是的，没错。它们将通过提高血清素的水平来帮助恢复大脑中化学物质的平衡，从而改善情绪，缓解焦虑。"

"有什么特别推荐的药物吗？"约翰问。

"以我的经验，舍曲林，商品名左洛复，对于有抑郁和焦虑症状，同时可能有记忆丧失的老年人来说，治疗效果最好。"

无论是脑部疾病还是外部生活事件引起的抑郁和焦虑，常常会导致大脑的化学物质失衡。针对这些情况，药物治疗通常很有帮助。虽然所有的药物都有副作用，但百忧解类药物，尤其是舍曲林（商品名左洛复），在低剂量时效果很好，几乎没有副作用。请注意，对于由亲人去世等外部事件引起的抑郁或焦虑，我们认为药物是帮助人们"走出抑郁黑洞"的梯子。他们一旦康复，即可停药，就像从洞里爬出来后便不再需要梯子一样。对于由脑部疾病引起的抑郁或焦虑，药物治疗通常会继续，因为一旦停药，化学物质失衡的情况就会经常复发。

谈话疗法可以帮助改善情绪，缓解焦虑

"我想花几分钟谈谈其他还可以做些什么来改善情绪。"神经心理学家说，"首先我想说的是谈话疗法。找寻让你如此害怕阿尔茨海默病的一些原因很重要，我们要讨论这些问题，否则我们只是在治疗抑郁和焦虑的症状，却没有解决它们的根本原因。"

"好的。"苏说，"有道理。"

"很好。我们还将用认知行为疗法来讨论保持情绪稳定和缓解焦虑的策略，这样当你感到悲伤或焦虑时，就会有一些方法来应对这些情绪。"

"那太好了。"

"我还想让你考虑一下其他一些方式。有证据表明，有氧运动、冥想和放松疗法都有助于缓解抑郁和焦虑。你可能会对其中某些更感兴趣。我想让你至少尝试一种。"

"哇，我从来不知道这样的方式还能帮助改善情绪。"约翰惊呼。

"是的，实际上很多研究证明它们都有这种效果，有关锻炼的研究证据最充分。我想让你考虑的最后一件事就是加入我们的记忆和老年小组，这个小组是专门为一些老年人设立的，他们想要了解更多记忆知识，以及随着年龄增长记忆是如何变化的。"

苏看起来有点犹豫。她问道："这是一个互助小组吗？"

"不完全是，它更像是一个班级。每周我们都会讨论记忆方

方面面的问题,什么是正常的,什么是不正常的,还会讨论帮助提高记忆力的方法。"

苏看起来还是有点犹豫。

"好好考虑一下,别轻易否定它。知道别人和你面临很多相同的问题是十分有益的,你可以了解他们如何处理类似问题。三个月后再来复诊,看看焦虑得到缓解后,思维和记忆有否改善。"

苏看了看医生,又瞧了瞧约翰。

"好,一切听起来都很棒。"苏满怀希望地说道。她深吸一口气,又慢慢地用鼻子吐气,脸上终于有了很长时间以来最真实的笑意。

如果你对记忆丧失感到忧虑或对某个诊断结果感到难过,那么几个人一组或一对一的谈话疗法会有所帮助。谈话疗法可以达到许多目标,包括提供策略缓解焦虑或悲伤,消除这些情绪产生的原因,应对现实的问题,如死后留下的遗产,等等。除了较为通用的疗法外,还开发出特定疗法,用于治疗因为记性差引起的焦虑和抑郁。因为这些疗法针对的是情绪——情绪有自身特殊的记忆系统,即使有时患者会忘记治疗的内容,这些疗法通常也是有效的。

有氧运动、冥想和放松疗法可以帮助缓解焦虑和抑郁

对记忆丧失感到悲伤或焦虑,但对药物治疗或谈话疗法都提不起

兴趣，那么你可以做三件事来改善情绪：有氧运动、冥想和放松疗法。经证明，它们都可以改善老年人的情绪、缓解焦虑。锻炼的证据最充分，但也有研究推荐采用正念训练（比如冥想）和放松疗法。我们将在第5步第14章中详细讨论锻炼方法。你可以通过医生或医疗机构了解更多关于冥想和放松疗法的信息（参见拓展阅读）。

互助小组能够有效改善情绪、缓解焦虑、提供实用建议

如果你发觉记忆力衰退，并因此忧虑、抑郁，那么很可能你会一直把忧虑藏在心里。你可能不想给家人和朋友带来负担，或者你可能担心，说出忧虑之后，他们会有怎样的反应，会如何对待你。互助小组可以提供一个安全的空间让你说出担忧，同时也能帮助其他人化解忧虑。

记忆和老年小组尤其值得关注。这类小组不是传统的互助小组，而是由老师带领，专为一些老年人而设，他们想要进一步了解随着年龄增长记忆力会如何变化。这类信息型小组越来越普遍，一些医院和诊所都设立这类小组，其中很多小组还成为成人教育课程的一部分。

还有一些更传统的互助小组，主要帮助有特定疾病的患者。因此，如果你被诊断出患有阿尔茨海默病、抑郁症或其他疾病，加入一个互助小组，与其他患有同病的病友聊聊，这很有帮助。最后，当你获得更多的经验和知识之后，你也可以帮助别人。

不要独自面对记忆问题

出现问题时,我们都需要帮助和支持。即使有人帮忙,记忆问题也很难处理,如果我们独自面对,那就更困难了。在应对记忆丧失的问题时,让你的配偶、孩子、兄弟姐妹、其他家人或朋友成为你的盟友。让他人参与进来,会带来一些好处,其中之一便是能改善情绪和缓解焦虑。

小　结

如果你的记忆力越来越差,你通常会感到焦虑;如果你被诊断出患有记忆障碍,你通常会感到悲伤。如何应对这些情绪是很重要的,因为焦虑或悲伤会加剧记忆力衰退,甚至导致记忆问题。焦虑和抑郁可能是由心理因素和大脑化学物质变化共同引起的,所以药物治疗和谈话疗法会有效果,也许两者结合使用效果最佳。有氧运动、冥想、放松疗法和互助小组也有助于治疗由记忆丧失引起的抑郁和焦虑。最后,不要独自面对记忆问题,请家人和朋友帮忙。治疗焦虑和抑郁可以改善你的记忆力、日常功能和生活质量。

接下来用一些例子来说明我们在本章中学到了什么。

- 你最近感觉自己有点抑郁,觉得抑郁可能影响了记忆力。这可能吗?

    抑郁既可能是对记忆丧失的反应,也可能导致记忆丧失。如果你感觉抑郁,要和医生谈谈,这很重要。治疗抑郁可能会改善你的记忆力。

- 也许你感到焦虑,似乎什么都记不住。你怎么知道是记忆丧失导致了焦虑,还是焦虑导致了记忆丧失?

  有时很难判断。我们通常会尝试治疗一种症状——我们认为可能是根本原因的那种症状,然后看看另一种症状是否消失。所以,如果你的焦虑成功治疗后,记忆恢复正常,那么我们就认为焦虑是根本原因。如果你不再焦虑,但仍然存在记忆丧失的情况,那么我们会考虑记忆丧失是根本原因,从而治疗你的记忆问题。

- 你一直感到有点焦虑和悲伤,对谈话疗法或药物治疗都不感兴趣。还有别的方法吗?

  有!有氧运动、冥想、放松疗法和互助小组都有帮助。可以参阅本章了解详细信息。

Step 第5步 5

调整生活方式

在第4步中,我们了解了如何使用药物治疗记忆丧失,并提到了一些正在研制的新药物。我们还讨论了如果因记忆丧失而焦虑或沮丧该怎么办。在第5步,我们想让你了解日常生活的一些调整,可以帮助提高记忆力,降低患记忆障碍的风险,并可能减缓记忆的衰退。首先,我们会帮助你辨析关于饮食的各种各样且经常相互矛盾的说法——为了改善记忆,该吃什么,不该吃什么。然后我们讨论锻炼:锻炼如何改善记忆,该选择什么类型的锻炼方式,多少的运动量合适。这些重要的生活方式的改变,每个人都可以从中受益,即使他的记忆力完全正常。

第 13 章

为了改善记忆，该吃哪些食物，远离哪些食物？

饮食和营养对维持认知功能至关重要。但是对于大脑健康，该吃什么，不吃什么，众说纷纭。能喝酒吗，还是不喝酒？像藜麦和全麦这样的全谷物有好处还是会导致痴呆？能吃红肉吗，还是只能吃家禽和鱼？本章我们将介绍相关的饮食知识，帮助你作出健康的饮食选择。

对身体有益的东西也对大脑有益

让我们一起去看看杰克和他的女儿萨拉，莎拉正在准备一顿健康的晚餐。

"我看我的饮食一点问题也没有嘛！"杰克嚷嚷道。

"是的，爸爸，我知道。"萨拉一边说，一边清洗甘蓝和红椒、黄椒、青椒，"但我想我们要尽一切努力帮助你改善记忆。我一直在查资料，我了解到你应该吃一些东西来帮助改善记忆，还有一些东西会让你的记忆力变得更糟。"

"你是说吃什么对大脑很重要?"

"正是如此。"

大脑健康与身体健康密切相关。对心血管系统健康来说,这种说法尤其正确。我们知道,高胆固醇、高血压和糖尿病会增加患中风和痴呆的风险。好消息是,许多的风险因素可以通过适当的饮食和营养来控制。没有一种"超级食物"经证明可以改善大脑健康。所以我们的建议是均衡饮食,多食用那些被认为对大脑有益的食物和食物种类,并限制那些被证明摄入过多会对大脑有害的食物。

ω-3脂肪酸可能对改善记忆有帮助,特别是食物中的ω-3脂肪酸

萨拉把甘蓝、椒片,还有核桃和亚麻籽放在沙拉碗里。

"这是哪种生菜?"杰克问。

"这不是生菜,是甘蓝。"萨拉回答。

"甘蓝?甘蓝是什么?"

"其实是一种卷心菜,比生菜更有营养、更健康。"

"好吧,那为什么还要在沙拉里放坚果和亚麻籽呢?"

"因为核桃、亚麻籽和甘蓝都含有 ω-3脂肪酸,这是一种对大脑有益的脂肪。"

ω-3脂肪酸（通常简称 ω-3）对人体的许多机能都很重要，包括维持脑细胞的正常运转和减少炎症。虽然我们的身体能够制造我们需要的许多脂肪，但是无法制造 ω-3，因此我们需要从食物中获取。ω-3有三种主要类型，你可能已经听说过，这里就简要地提一下（尽管它们的名字很长）：二十二碳六烯酸（DHA）与大脑健康、认知功能、炎症控制以及心脏健康有关；二十碳五烯酸（EPA）与心脏健康和炎症控制有关；α-亚油酸（ALA）是一种能量来源，也是DHA和EPA的组成部分。有关 ω-3 益处的科学研究，说法不一，但一些研究表明，ω-3可能有益于大脑健康。

我们的建议是要确保你的均衡饮食中包含一些 ω-3。富含 ω-3 的食物有鱼类（特别是富含脂肪的鱼类，如鲑鱼和金枪鱼）、核桃、绿叶蔬菜（如羽衣甘蓝）、亚麻籽和亚麻籽油。还有其他食物现在也添加了 ω-3。你可以在当地的杂货店里找到富含 ω-3 的鸡蛋、牛奶、果汁和酸奶。

维生素D对大脑健康很重要

"你是说我必须吃坚果、亚麻籽和所有这些蔬菜？"杰克问，"我就不能吃药片吗？"

"爸爸，好巧，我也想到了这个问题。虽然大多数营养物质最好从食物，尤其是从蔬菜中获取，但也有一些维生素适合以药片形式服用。我给你买了两种维生素片，维生素D，还有复合维生素B，里面含有维生素B12和其他维生素B。"

维生素D对大脑健康至关重要。一项研究表明，维生素D缺乏的人患痴呆和阿尔茨海默病的概率是维生素D水平正常的人的两倍。大多数老年人缺乏维生素D。虽然皮肤经日晒能够制造维生素D，但要做到这一点，你需要长时间待在户外，而且不涂防晒霜，但我们不建议这样做。我们推荐每天摄入2000国际单位的维生素D3，可通过服用维生素补充剂获取。你也可以从富含脂肪的鱼类（如金枪鱼和鲑鱼）、紫外线下生长的双孢蘑菇以及牛奶、麦片和橙汁等富含维生素D的食物中获取。一定要阅读成分表，看看你买的食品是否含有相关成分。最后，维生素D会与一些处方药相互作用，所以在服用维生素D补充剂之前应该咨询医生。

缺乏维生素B12和其他B族维生素会导致记忆丧失和其他严重问题

缺乏维生素B12很常见，后果严重，但很容易治疗，所以你要清楚自己是否缺乏维生素B12。维生素B12偏低会导致很多问题，包括记忆丧失、幻觉、疲劳、易怒和抑郁等。有些人，特别是素食者，无法通过饮食摄入足够的B12。许多老年人对B12的吸收较困难。如果你体内维生素B12水平偏低，首先要通过服用维生素B12药片或食用富含B12的食物来增加摄入量。动物肝脏和蛤蜊中B12含量最高，鱼类和其他贝类、肉类、牛奶、酸奶以及某些添加B12的食品中也含有一些。如果仅仅通过药片或饮食摄入还不够，你可能还需要注射，通常每月注射一次，直到B12水平恢复正常，然后再减少注射的频率。

在第3步第6章中，我们讨论了缺乏维生素B1（硫胺素）会如何导致思维和记忆问题。缺乏维生素B6和阿尔茨海默病之间也有一定联系，因此人们想知道，不缺乏任何B族维生素的健康人，服用含有叶酸、B6和B12的复合维生素B补充剂是否可以帮助改善思维和记忆、预防阿尔茨海默病。研究发现，很少或根本没有证据支持这一点，除非你确实缺乏这些维生素。因此，我们不建议正常人补充B族维生素，但也不反对服用它们。你可以请医生检查一下以确保没有缺乏任何B族维生素，或者你可以和医生讨论是否需要每天服用复合维生素B片或多种维生素片。

从食物中获取抗氧化剂

萨拉继续做沙拉，加入了一些小橘片、新鲜蓝莓和胡萝卜薄片。

"你还要加蔬菜？"杰克问，"好吧，那这些水果放在沙拉里做什么呢？"

"获取维生素A、C和E这些抗氧化剂的最好方法是吃水果和蔬菜。"萨拉回答说，"等着瞧吧，爸爸，我想你会喜欢的。"

抗氧化剂可以保护身体免受自由基的有害影响，自由基是一种会损害细胞（包括脑细胞）的化学物质。最常见的抗氧化剂有维生素A、C、E，以及类黄酮和β-胡萝卜素。关于服用抗氧化剂补充剂的影响，大部分的研究都没有给出证据表明服用这些抗氧化剂可以改善思维和记忆。事实上，服用大剂量的抗氧化剂药片可能会有问题。一些研究表明，大量摄入抗氧化剂会增加癌症和死亡风险，还会与某些药物相互作用，产生负面影响。因此，虽然一些临床医生建议服用抗氧化剂补充剂，如维生素E，但我们不建议这么做。

有证据表明，食用富含抗氧化剂的食物，如水果和蔬菜，可以降低患心脏病和中风等慢性疾病的风险，从而促进大脑健康。许多研究人员认为，关于摄入抗氧化剂食物，最重要的是摄入抗氧化剂食物的种类和丰富性，而非单纯的摄入总量。因此我们建议吃水果和蔬菜，保持饮食均衡。

地中海式饮食似乎对大脑健康最有益

"那我们吃什么肉呢？"杰克问。

"我们要吃鱼。"萨拉一边说着一边打开烤箱门，用刷子蘸取橄榄油，然后刷在一大块鱼上。烤盘上还有几瓣大蒜和两个大洋葱。食料盘上有一些鳄梨片和柠檬片，搭配烤好的鱼。

"没有肉？连鸡肉都没有？"

"没有，只有鱼、豆子和糙米。我想让你看看健康的一餐有多美味。"

杰克闻着烤鱼的香味。"嗯……闻起来真香。你在哪儿学的？"

"我上了一门意大利烹饪课。这些食物都是地中海式饮食的一部分。地中海式饮食是为数不多的被证明对大脑有益的饮食之一。"

有科学研究提出过一个重要观点，单纯一种食物可能对大脑健康并无影响，通过均衡饮食获得的营养组合才可能是最好的。地中海式饮食（以及下文提到的MIND饮食法等相关改良版）就是这样一种均衡饮食，已被证明有促进大脑健康的功效。这种饮食要求每餐多吃水果、全谷物（如小麦碎、大麦和糙米）、豆类和蔬菜。这种饮食，饱和脂肪（"有害"脂肪）含量较少，鼓励摄入单不饱和"有益"脂肪，以降低"有害"胆固醇。橄榄油、鳄梨和坚果含有这些健康脂肪，应该经常食用。建议每周至少吃两次鱼。每天或每周食用少量至适量的乳制品，如酸奶和奶酪。红酒也是地中海式饮食的重要组成部分（更多的红酒信息见下文）。红肉和甜品类食品（如糖果、饼干、蛋糕和冰激凌）应少吃。

地中海式饮食

- 鱼
- 蔬菜
- 橄榄油
- 鳄梨
- 坚果
- 水果
- 豆类
- 全谷物（包括小麦碎、大麦和糙米）
- 红酒

地中海式饮食能减少中风的风险因素，如高胆固醇和糖尿病。有研究表明，遵循地中海式饮食的人与遵循传统饮食的人相比，前者的脑容量更大，其脑部比后者年轻5岁；前者患轻度认知障碍和阿尔茨海默病性痴呆的风险更低。并非所有研究都认同地中海式饮食能够改善认知并能降低记忆丧失的风险，但许多研究都支持这一点，而且没有一项研究显示地中海式饮食有任何副作用。因此，我们向所有希望通过改变生活方式促进大脑健康的人推荐地中海式饮食。

无证据表明鱼油有益于大脑健康

如果鱼对你有好处，也许你想知道你是否该服用鱼油补充剂。对于这一点，研究结果并不一致。要证明鱼油补充剂对记忆力的作用，需要进行更大规模、更严格的科学研究。关于补充剂的适合剂量，目前尚无定论，也没有明确的研究表明增加剂量会带来更多益处。简而言之，如果你对补充鱼油感兴趣，我们建议你和医生谈谈。不过我们还是建议你每周饮食中增加一份到三份鱼。

无证据表明椰子油有益于大脑健康

有人说椰子油可以作为一种替代能量来源为大脑提供能量，从而改善大脑健康，但迄今为止还没有科学证据支持这一说法。一些相关研究正在进行中。服用椰子油可以降低患阿尔茨海默病的风险和改善记忆，目前还没有临床数据支持这一观点。我们不建议服用椰子油。

有红酒吗？每天喝一杯酒精饮料并无害处

"爸爸，你能把豆子和米饭放进这些碗里吗？"

杰克帮忙准备米饭和豆子的时候，萨拉把鱼从烤箱里拿出来，放到了盘子里。他们一起把食物端上餐桌。

"爸爸，你想喝点酒吗？"

"你是不是想说喝酒也有利于大脑健康？"

"是的，我想你会喜欢的。红酒也是地中海式饮食的一部分。事实上，大多数医生认为每天一杯葡萄酒、一杯啤酒或一杯混合酒精饮料是有益的。男性甚至可以一天喝两杯。"

"嗯，听起来还不错……"杰克大声说。

你喜欢在晚餐时喝一杯葡萄酒，你想知道这是否合适。凡事要适度，这是关键。正如我们在第3步第6章中所述，过量饮酒会增加认知能力下降的风险，甚至会导致记忆丧失。如果12盎司啤酒（约355毫升），5盎司葡萄酒（约148毫升），或1.5盎司40度的烈酒（约44毫升）算一个标准杯，研究表明，女性每天喝一杯，男性每天喝一到两杯并无害处，甚至可能会降低患阿尔茨海默病和轻度认知障碍的风险。对葡萄酒、啤酒、烈酒来说，酒精的有益影响可以从多个方面体现，包括增加高密度脂蛋白（HDL，即"有益"胆固醇）、减少低密度脂蛋白（LDL，即"有害"胆固醇）、提供抗氧化剂（如红酒中的白藜芦醇和类黄酮），以及提供蛋白质和维生素B。总体来说，一些研究证实饮酒对认知健康有一定好处，但这个好处不是特别明显。

还需注意的是，没有数据表明，如果你原先不喝酒，你就应该开始喝酒——但如果你已经有每天喝一杯的习惯，那就继续保持。

我们的建议是：如果你已经有饮酒习惯，可以继续，女性每天最多只能喝一个标准杯，男性每天最多一到两个标准杯。我们不建议你为了预防或治疗记忆丧失而开始喝酒。最后，如果你有酗酒史，那你的饮食中就不该加入酒精。

健康饮食，什么时候开始都不晚

杰克吃了一小口烤鱼、豆子和糙米。"嘿，这东西味道不错。"他边说边开始大嚼。令他惊讶的是，萨拉加入橄榄油和香醋调味后，味道真不错，他甚至喜欢上了由甘蓝、水果、坚果和亚麻籽混合的沙拉。

"萨拉，我真的很感谢你为我所做的一切，告诉我应该吃什么，帮助我改善记忆。但我敢说，我可能年纪太大了，改变饮食习惯也没什么用。"

"你知道吗，爸爸，我也很担心。但信不信由你，我在资料上看到，现在还不算太晚——即使你这个年龄，甚至比你年纪更大的人，也可以通过改变饮食来改善大脑健康。"

"真的吗？好吧，所以你开始用这些减肥之类的东西说服我了。但如果我偶尔吃一次辣芝士玉米热狗、夹馅面包或油炸面团，会怎么样呢？平时所付出的努力都会一笔勾销吗？"

"我也有好消息要告诉你。有证据表明，只要你在大多数时候都能改善饮食，还是会有效。"

你是否想要尝试一种新的饮食方式，但又疑惑自己是否年纪太大而无法从中受益？你是否担心多年的不合理饮食已经造成了损害？别担心，养成健康的生活方式，促进大脑健康，任何时候都不算晚。一项研究发现，对于55—80岁的老年人来说，与只吃低脂肪饮食相比，地中海式饮食在短短4年内就已显示出明显的优势。

不必追求完美

让我们面对现实吧——我们很难做到完美。大多数人都曾尝试过节食，但发现很难百分之百地坚持下去。你可能会想，如果不能完美地遵循新的饮食习惯，那么尝试改变饮食习惯是否还有意义？一项关于地中海式饮食改良版（叫作MIND饮食）的调查研究试图回答这个问题。遵循MIND饮食替代地中海式饮食的人发现，经常摄入以下食物同样有益于大脑健康：鱼每周一次，浆果每周两次，家禽每周两次，坚果和豆类隔天一次，绿叶蔬菜每天一次，其他蔬菜每天一次，葡萄酒每天一杯5盎司（约148毫升），橄榄油每天摄入，全谷物每天三份。研究发现，"严格"遵循MIND饮食的成年人患阿尔茨海默病的风险降低了53%。重要的是，即使是那些"适度"遵循MIND饮食的人，仍然能够将患阿尔茨海默病的风险降低35%——这是一个相当大的比例！所以你也不必严格遵循饮食方案。

少吃黄油、人造黄油、红肉、油炸食品、快餐、糕点和甜品

"爸爸,我很高兴你提到了辣芝士玉米热狗和油炸面团,因为有些东西你应该少吃。黄油、人造黄油、红肉、芝士、油炸食品、快餐、糕点和甜品都应该少吃。"

"好吧,你不是说我不能吃,只是说我不应该每晚都吃。"杰克说。

"没错!所有改善饮食的努力都会有帮助。"

除了要吃能够改善大脑健康的"绿灯"食物外,还有一些"红灯"食物应该少吃,包括黄油和条状人造黄油(每天少于一汤匙)、红肉、糕点、甜品,以及油炸食品或快餐(每周少于一份)。尽量减少这些食物的摄入。小改变,大益处。

吃少量巧克力对思维、记忆和情绪都有好处

萨拉和杰克收拾了餐盘和沙拉盘,还有鱼盘和菜碗。

"爸爸,坐下来,我去拿甜点。"

"你是说这份健脑食谱里真的还有甜点吗?"

"是的。"萨拉微笑着说,她端进来装着巧克力的盘子,"巧克力对你的思维、记忆甚至情绪都有好处。"

"味道有点苦。"杰克边吃巧克力边说。

"因为它是黑巧克力。真正让巧克力有益于健康的是里面的

可可，而不是为了让它又甜又滑而添加的糖、脂肪和牛奶。"

杰克和萨拉继续吃黑巧克力。

"如果巧克力有好处，那巧克力蛋糕呢？"杰克满怀希望地问。

"据我所知，我们今晚吃的糙米这类全谷物对你没有坏处，但白面粉、白面包、大多数意大利面食、甜甜圈和蛋糕这类精制谷物就不一定了。精制面粉的问题是，我们的身体会很快地消化它，把它转化为糖，这就跟吃了很多糖一样。所以，偶尔吃一次巧克力蛋糕是可以的，但由于蛋糕中含有黄油、糖霜和精制面粉，经常吃就不太合适了。"

对于爱吃甜食的人来说，这可是个好消息！研究证明，吃巧克力有助于改善思维、记忆和情绪，同时巧克力还富含抗氧化剂。巧克力的好处实际上来自里面的生可可，所以巧克力越黑越好。在美国，黑巧克力的可可含量至少要达到35%，甜巧克力至少15%，牛奶巧克力至少10%。白巧克力实际上不含可可粉。你会发现一些黑巧克力，特别是那些来自欧洲的黑巧克力，在包装上标注了可可的百分比，从60%到90%不等！建议巧克力每日食用量一般为0.35—1.6盎司（9.92—45.36克）。因此，如果一根普通的巧克力棒3.5盎司（99.22克），那么建议每日食用大约1/3根巧克力棒。和饮酒一样，注意不要过量。巧克力的热量、脂肪和糖分都很高，吃太多会对思维和记忆造成损害。

适量食用全谷物无害

有些人认为只要是谷物（甚至包括全谷物）就对大脑有害，因为食用白面等精制谷物会导致血糖迅速升高，而全谷物里的麸质则会使乳糜泻患者（麸质过敏者）发炎。谷物在加工过程中，麸皮和胚芽被去除，许多营养价值和纤维都流失了。剩下的白米或白面几乎是纯碳水化合物——复合糖，可以很快被身体转化为单糖。当这些单糖被吸收时，它们会导致血糖飙升，对大脑不利。因此，白米、白面、许多冷麦片、许多蛋糕和油酥糕点以及大多数意大利面食都会导致血糖飙升，对大脑不利。

而全谷物和由全谷物制成的食物，如小麦和黑麦面包、燕麦、大麦、糙米和藜麦，营养丰富，转化为糖的速度很慢，不会使血糖飙升。此外，只有对麸质过敏者（乳糜泻患者）来说，麸质可能导致思维能力和记忆力下降。含有全谷物的饮食（如我们一直在讨论的地中海式饮食）向来与大脑健康相关。没有证据表明，大多数成年人适量食用全谷物会增加记忆丧失和痴呆的风险，除非他们患有乳糜泻或类似疾病。因此，我们不推荐无谷物饮食。如上所述，我们建议适量食用全谷物食品，限量摄入精制谷物。

小　结

"好吧，你说服我了。"杰克笑着回答，"只要能让我坐下来看场球赛，喝一两杯啤酒，吃一袋花生米，听上去也没那么糟了。我甚至可以吃些巧克力当甜点！"

通过本章，我们了解了饮食如何影响大脑健康。没有单独的一种食物可以改善记忆，重要的是关注整体的饮食健康。地中海式饮食强调多吃鱼、蔬菜、水果、坚果、全谷物和含有优质脂肪的食物，这似乎对大脑健康最有益。如果我们的饮食习惯不是最完美也没关系，只要大体上吃健康食物就行。重要的是，开始健康饮食并从中受益，永远都不算晚！

接下来用一些例子来说明我们在本章中学到了什么。

- 邻居刚刚告诉你，为了保护大脑，她一直在服用ω-3脂肪酸和维生素E补充剂。你听说它们对大脑有好处，想知道是否应该食用补充剂。

  虽然ω-3脂肪酸和抗氧化剂（比如维生素E）等单一膳食补充剂有益于大脑健康，但大多数研究结果并不一致。更有益的做法是注重均衡饮食，保证多种营养，包括食物中的ω-3脂肪酸和抗氧化剂，帮助维持我们大脑的健康。

- 你一直很关注健康饮食的好处，尤其是对大脑健康的好处，并阅读了很多相关资料，但你不知道从哪里入手。市面上有很多流行的食谱。哪一个是正确的？

  有最充分、最一致的证据表明，地中海式饮食有利于大脑健康。这种饮食强调大量食用水果、蔬菜、全谷物、豆类和坚果。它们的饱和脂肪含量低，而单不饱和脂肪含量高。强调食用鱼类、少量至适量的乳制品，少吃红肉和糖。

- 你挺喜欢晚餐时喝上几杯。有人说酒精对大脑有害，也有人说红酒对大脑有益。哪种说法是正确的？

    答案是，这取决于你喝多少酒。许多研究表明，少量至适量饮酒——女性每天喝一个标准杯，男性每天喝一到两个标准杯——可能对大脑有益。然而，过量的酒精会损害大脑，导致记忆丧失。我们建议那些已经有饮酒习惯的人将饮酒量控制在推荐范围之内。最后，我们不建议仅仅为了防止记忆丧失而开始喝酒，没有证据证明这有帮助。

- 你的表妹得了乳糜泻，不吃谷物了。她告诉你，她感觉好多了，认知也更敏锐了。你听说吃谷物对大脑有害，并可能导致痴呆。你应该停止吃谷物吗？

    在某些情况下，比如乳糜泻患者，对大多数谷物中的谷蛋白会产生过敏反应。患有这类特殊过敏症的人食用谷物后，警觉性会减弱，记忆力会下降。但大多数人并没有这种特殊的过敏症。对大多数人来说，食用全谷物不会对思维和记忆造成任何问题。没有证据证明适量食用全谷物会导致痴呆。

- 你知道自己应该健康饮食，少吃某些食物，如富含饱和脂肪和糖分的食物，但有时你只是很想吃一些不健康食品。你想知道你是否应该完全放弃不健康饮食。如果你不能一直坚持健康饮食，也许根本就不应该尝试，对吗？

    错了！研究表明，只要我们在大多数情况下吃的是健康食物，大脑仍然可以受益。我们不需要做到完美，只需要基本遵循有益大脑健康的饮食建议。

第14章

体育活动和锻炼有助于改善记忆吗?

我们都知道锻炼的好处,医生、新闻媒体和访谈节目都提到过。然而,我们往往不了解的是,锻炼对我们到底有多大好处。锻炼不仅对我们的心脏、肌肉和骨骼有好处,对我们的大脑也至关重要——它能够改善思维、记忆和情绪。

任何时候开始锻炼都不算晚

让我们看看苏的情况,她正在和医生讨论锻炼的事。

"当我去见神经心理学家时,"苏开始说道,"她强调说,锻炼是我能做的最重要的事情之一,它可以改善情绪,减缓焦虑,并保持记忆力。但当我和约翰一起看诊结束回家时,我意识到我真的不知道从哪入手。我知道它应该是'有氧运动',但我不知道这到底是什么意思。我也不确定什么是最好的运动方式,应该是多大的运动量,而且我现在80岁了,什么样的运动是安全的。

我承认我从来都不是一个爱运动的人。我也想知道我是不是年纪太大了，不能再锻炼了。"

"这些问题都提得很好，我可以回答。"医生回应道，"我先回答你最后一个问题：任何时候开始锻炼都不算晚，不论你处在什么年龄段，你都可以从锻炼中受益。"

"很高兴听到你这样说。"苏如释重负地说。

想知道自己是不是年纪太大了，不能再锻炼了？好消息是，无论你是49岁还是94岁，你都处于开始锻炼的好时机。有很多研究表明，即使你过去经常久坐不动，也不会因为年纪太大而难以养成锻炼习惯。也许你十几岁的时候经常运动，但是随着年龄的增长，没有时间运动了。坚持体育锻炼对身体有益，即使你很忙，也要想办法进行锻炼，这一点很重要。开始锻炼并从中受益，永远都不算晚。

开始一项新的锻炼计划之前，以及锻炼时出现任何新的症状或不良症状，请咨询医生

"我很高兴你在开始锻炼前先咨询我。我们可以一起制订一个锻炼计划，既能益于身心健康，又能将锻炼风险降到最低。"

"锻炼有风险吗？"苏惊讶地问。

"是的。大多数人从来没有出现过任何问题，但如果你以前没有定期锻炼的习惯（或者很长一段时间没有锻炼过），我们应该确保你的心、肺、肌肉、关节和身体其他部位都做好了锻炼的

准备，而且当锻炼可能会伤害身体的时候，你要知道身体发出的预警信号。"

苏和医生一起仔细梳理了一些预警信号。

"哇，我从来不知道我还需要担心这些事情！"

"其实不用'担心'。我所提到的大多数事情都是常识——如果它会让你疼痛、不适或出现其他问题，你就要停止运动。"

"好的，有道理。"

"让我们先花几分钟时间分析一下为何锻炼对你的大脑和身体的其他部分有好处，然后我们会讨论哪些运动及多大的运动量最适合你。听起来怎么样？"

"不错。"苏笑着说。

苏和医生列出了运动对身体和大脑有益的一些原因，然后对不同的运动方式进行了评估，最后定出每天快走30分钟加上每周两次瑜伽课的最佳方案。

在开始一项全新的锻炼计划之前，必须先咨询医生，这一点很重要。如果你有心脏病家族史、现在或曾经吸烟、超重，或者有下列任何一种情况——高胆固醇、高血压、糖尿病或糖尿病前期（高血糖）、哮喘或其他肺部疾病、关节炎、肾病，那么咨询医生就尤为重要。最后，如果你在锻炼时遇到以下任何预警信号，你应该打电话给医生或拨打急救电话立即就医：胸部、颈部、下巴、胳膊或腿部疼痛或不适；头晕或晕厥；呼吸短促；脚踝肿胀；心跳加速；或者其他的不适症状。

一项理想的锻炼计划包括每天至少30分钟的有氧运动，再加上每周额外的力量、平衡性和柔韧性锻炼

美国疾病控制中心、美国运动医学会和美国国立卫生研究院一致认为，最低推荐运动量是在每周大部分日子里（最好每天）进行30分钟的适度有氧运动。有氧运动是任何一种使你呼吸更急促、心跳更快的运动。适度有氧运动的一个例子是快走。忙得连走路30分钟都没空？目前的研究表明，短时间的锻炼，每次仅仅10分钟，如果累积起来，每天至少有30分钟，也能促进全身健康。虽然大多数研究都集中于有氧运动的好处，但也有证据表明，阻力训练也可以适度控制许多心脑血管疾病的危险因素。我们建议每周进行两次力量训练，可以改善平衡能力和肌肉功能，甚至可以减缓随着年龄增长而出现的脑萎缩。

对于绝大多数成年人来说，即使有看似难以逾越的障碍，也能选择一种安全的体育活动。例如，截肢的人可以参加有一定要求的运动项目，甚至表现出色。即使是那些无法站立的人也可以进行高强度的坐姿锻炼（相信我们，我们已经做到了！），几乎每个人都有适合自己的锻炼计划。除了步行，你还可以骑自行车或使用健身馆里的器械，如跑步机、固定单车、椭圆机和楼梯机。游泳和在浅水池里散步也是很好的有氧运动；如果关节疼痛，比如有关节炎，这些也是最好的运动方式之一。如果你参加了网球、高尔夫、曲棍球或滑雪等运动，那就坚持下去吧！最后，请注意，目前还未发现锻炼和大脑健康之间的效益递减拐点——锻炼越多越好。只要你的心脏、

关节、肌肉和身体的其他部位能够承受每天超过 30 分钟的运动量，就可以考虑多运动。

锻炼可以降低中风风险

正如在第 6 章和第 7 章中所言，心血管疾病、糖尿病、高血压、高胆固醇、心脏病和肥胖都可能引起中风，从而导致记忆丧失。久坐不动的生活方式是引发中风的主要风险因素之一。锻炼有助于减少乃至消除中风的许多风险因素。锻炼有助于减肥，可以降低超重和肥胖人士的中风风险。事实上，与维持健康体重的成年人相比，超重的成年人患中风的可能性高出 22%，肥胖的成年人则高出 64%。锻炼对心血管健康的其他好处包括，通过减少"有害"胆固醇（LDL）和增加"有益"胆固醇（HDL）来降低血压和总胆固醇。成年人锻炼，可以降低患糖尿病的风险，即使是那些糖尿病患者，锻炼也可以帮助他们更好地控制血糖。

随着年龄的增长，跌倒更为常见

苏抓着栏杆，小心翼翼地走下楼梯，离开了医生的办公楼。她走过停车场时，踩在高低不平的人行道上，跌跌撞撞地向前走，差点摔倒。

苏自言自语道："我走路得小心点。"

随着年龄的增长，跌倒的风险也会增加。事实上，每年每三个65岁以上的老年人中就有一个会跌倒。下楼很危险，尤其当双手拿满东西的时候，因为你无法抓住扶手，也看不见脚落在何处。高低不平的人行道或地面往往会导致行人跌倒。

在那些跌倒的成年人中，20%到30%会遭受中度至重度的创伤，如髋部骨折或头部受伤。由跌倒引起的头部受伤有时候会导致永久性认知障碍，甚至死亡。

瑜伽和太极有助于降低跌倒的风险

苏知道她的平衡能力向来不是很好，而且随着年龄的增长，她的平衡能力也没有得到改善。"唉，"她叹了口气，"瑜伽应该可以提高平衡性，我不妨试试。"

苏报了一个瑜伽入门班，向工作室借了一块垫子。

"我们从婴儿式开始。"老师指导说，"双膝分开，脚趾触地，臀部放在脚跟上。弓身向前，双臂伸展，掌心向下，前额贴向垫子。放松下背部，消除肩膀、手臂和脖子处的所有紧绷感。闭上眼睛，凝视内心。注意力放在呼吸上，感受气息在鼻腔中流动的感觉，让思绪自然流淌。"

课程继续，老师还介绍了其他体式：下犬式、前屈体、半屈体、桌子式、战士二式、新月式，等等。老师走过来，帮苏纠正动作：摆正臀部、伸展双臂。苏做很多体式都有困难，她发现自己的身体非常僵硬……

六周过去了，苏坚持每周上两次瑜伽课。现在苏做的动作好多了，而且她惊讶地发现自己更灵活了，平衡感也更好了。因为苏没有在动作上纠结，她只是把注意力集中在呼吸上，这帮助她更放松，减轻焦虑。她还交到了一些新朋友。

走出教室时，她的凉鞋踩到了一个高出地面的槛。苏害怕自己会摔倒，但令她惊讶的是，她甚至没有绊脚。她的身体自然而然地作出反应——用另一条腿支撑身体，同时恢复平衡。苏笑了笑，迈着更自信的步伐走向她的车。

大约一半的跌倒可以通过锻炼来避免，锻炼可以增加肌肉力量，提升骨骼稳定性，促进平衡能力，比如太极和瑜伽。为了达到最佳效果，这样的锻炼每周至少2小时，平均每天超过15分钟。

锻炼改善睡眠

除了每周上两次瑜伽课外，苏也逐渐加大了每天的步行量。她从每天15分钟开始，每隔一周增加5分钟。现在除了上瑜伽课的日子外，她每天要走30分钟。

"关于这些锻炼，我还是不太明白。"苏向约翰抱怨，"快走30分钟后，我太累了，需要再休息30分钟！"

"这没什么问题。"约翰说，"这样你就知道自己充分运动了。而且你还在加大运动量，身体还在适应。"

那天晚上晚些时候，苏爬到床上，睡在约翰旁边。"嗯，所有这些锻炼都有一个好处,"苏大声说,"现在我头一沾枕头就能睡着。很难想象我曾经需要安眠药……锻炼绝对比所有的安眠药都要好!"

正如我们在第3步第6章中所述,睡眠对记忆至关重要。如果你累了,就无法关注周围发生的事情,如果你不能很好地关注,也就无法很好地记忆。我们还了解到,记忆从短期暂时的存储到长期持久的存储,这个过程也需要睡眠。当我们经历不同的睡眠阶段(包括做梦睡眠和深度睡眠)时,睡眠质量最好。随着年龄的增长,这些阶段不像以前那么明显,睡眠时间也不像以前那么长。此外,老年人比年轻人更容易出现失眠和睡眠呼吸暂停等情况。锻炼是帮助改善睡眠的一种方法。对于睡眠不好的老年人来说,开始一项锻炼计划可以改善睡眠质量、缩短入睡时间以及减少夜间醒来的次数。坚持锻炼几个月后,会产生效果。此外,锻炼减少了对药物助眠的依赖。因此,锻炼可以改善睡眠,成为睡眠障碍患者药物治疗的替代或补充。

锻炼改善情绪

苏心想,我真的很期待今天的散步。苏已经锻炼三个月了,她终于达到了自己的锻炼目标:每天快走30分钟,每周练两次瑜伽,每次一小时。

苏发现她经常在散步时碰到朋友和邻居,她喜欢停下来和他们聊聊。但她总是看手表记录停下和继续的时间，这样就能确保自己有30分钟的运动时长。

苏感到精力充沛，充满活力。哇，我从来没有想过我会做这么多运动——还很享受。

正如我们在第4步第12章中所述，记忆可能会受到焦虑和抑郁等情绪因素的负面影响。经证明，锻炼可以缓解抑郁和焦虑，即使是那些没有焦虑和抑郁的人，锻炼也可以让他们心情愉快。（快乐对每个人都有好处，对吧？）通常情况下，锻炼几分钟后就能改善情绪，让人即刻获得一些满足。锻炼提升了血清素和去甲肾上腺素（大脑中的一种重要化学物质）的水平，教会我们的身体如何更有效地应对生理和心理压力。锻炼还可以帮助那些孤僻的人更多地社交。锻炼也能带给你一种成就感。它可以改善外表，让你对自身的吸引力更有信心。所有这些都有助于缓解抑郁和焦虑。事实上，人们发现，锻炼在治疗抑郁和焦虑方面和药物一样有效。

锻炼释放生长因子，生成新的脑细胞

苏每天都出去散步，并乐在其中。这次是和一个朋友一起，她和这个朋友每周二都一起散步。她们谈论政治、体育、国内新闻、社区事件、书籍，还有家庭。苏和朋友默默地走了几分钟，欣赏初秋开始变色的美丽树叶。

我最近没有发现记忆力有什么问题。苏边走边想，我能想起最近的新闻事件、家人和朋友的名字、读过的书、看过的电影。也许锻炼正在改善我的大脑。

我们在第1步和第2步中提到,海马体是大脑的记忆中心,负责形成和储存新记忆。锻炼可以促进身心健康从而改善思维和记忆,锻炼还可以直接影响大脑结构。大脑中有一些生长因子对脑细胞的存活至关重要。没有足够的生长因子,脑细胞就会死亡,而当生长因子增加时,大脑就会产生新细胞。锻炼可以增加这种生长因子,促进新脑细胞的生长和现有细胞的健康,对海马体来说,效果更加明显。与亚健康老年人相比,健康老年人的海马体往往体积更大。此外,有氧运动可以增大老年人的海马体,某项研究发现有氧运动使海马体增大了2%,相当于大脑的衰老逆转了一到两年!即使是对那些有阿尔茨海默病性痴呆家族史的人,锻炼也有重要益处。已知APOE-e4基因会增加患阿尔茨海默病的风险,一项研究检测了认知健康且携带APOE-e4基因的老年人开始锻炼前后海马体的大小,结果特别令人兴奋。一年半后,人们发现不锻炼的老年人的海马体缩小了约3%,而坚持锻炼的老年人的海马体几乎没有萎缩。

锻炼改善健康人的思维和记忆

大多数关于锻炼与认知功能之间关系的研究都发现,随着年龄增长,定期锻炼与维持认知健康、预防认知能力衰退有关。其他研究发现,锻炼次数越多、强度越大,越能改善思维和记忆。研究还发现，无论是那些终身锻炼的人，还是那些刚刚开始锻炼的人，锻炼都会对思维和记忆产生积极影响。这些发现意味着，如果你已经开始锻炼，而且经常锻炼——好极了！你已经收获了锻炼对大脑健康的益处。如果你还没开始锻炼，或者你不经常锻炼——没问题——你可以从今天开始，通过锻炼改善大脑健康。最后，锻炼的效果是多年累积的，所以常年有规律的锻炼会收获越来越多的益处。

锻炼改善轻度认知障碍和阿尔茨海默病性痴呆患者的思维、记忆和生活质量

对于那些被诊断为轻度认知障碍的人（参见第3步第7章），锻炼在短短6个月内就可以改善其思维和记忆。一项针对轻度认知障碍患者的研究发现，锻炼可以通过改善思维和记忆而提高完成认知任务的效率。对于那些被诊断为阿尔茨海默病性痴呆的老年人（参见第3步第7章、第8章），每周锻炼两次，持续6个月，就可以改善他们自己及其护理人的生活质量。痴呆患者躁动、易怒等情绪都可以通过锻炼得到改善。锻炼还有助于阿尔茨海默病性痴呆患者维持日常功能。

制订锻炼计划

尽管锻炼对身体、情绪和大脑有诸多益处，但大多数成年人锻炼不足。事实上，在美国，只有不到1/3的成年人达到了建议的最低运动量。据估计，在75岁以上的人群中，有1/3到1/2的人根本不

参加体育活动。老年人提到的锻炼中最常见的一些障碍包括健康因素（如身体残疾、害怕受伤）和环境因素（如天气、有无人行道）。制订一个锻炼计划，从可以完成的小目标开始，再慢慢增加运动量。让目标更具体一些。例如，不要说"我这周要多锻炼"，而要列出具体的锻炼计划，比如"我这周要散步三天，每天30分钟"。面对恶劣的天气要有其他替代方案，比如在商场里散步。找到你喜欢的锻炼方式，并把它作为你日常生活的一部分，这样你就可以终身坚持。

小 结

锻炼可以增强你的记忆力和思维能力。锻炼可以促进心血管健康、帮助减肥、改善睡眠、减少中风和跌倒的风险，从而改善你的健康。锻炼还可以释放大脑神经递质，让你感觉良好，从而改善你的情绪。此外，锻炼会在大脑中释放生长因子，无论你的记忆是否正常，这些生长因子都能增强你的思维能力和记忆力，甚至可以增加你的脑容量！

我们鼓励你制订一个合适、可行的锻炼计划，并让它成为你日常生活的一部分。很关键的一点，和医生讨论一下你的锻炼计划，确保它对你的整体健康有好处。记住，什么时候开始锻炼都不算晚！

接下来用一些例子来说明我们在本章中学到了什么。

- 你知道锻炼有好处，但你觉得每天做家务，也能得到足够的锻炼。你每天洗衣服、吸尘、洗碗，还要去学校接孙子，跑来跑去的，肯定不需要再锻炼了，对吧？

不完全对。做家务总比什么都不做要好，但是大多数人高估了他们做家务时的有氧运动量。大多数家务活并不能替代有益于大脑的锻炼。我们在锻炼时应以中等强度为目标。在运动自觉量表中，有10个等级描述主观感觉吃力的程度，0级是坐着的感受，10级是极限运动的感受，而我们推荐的中等强度是5级或6级。

- 吃午饭时，朋友告诉你运动的好处，但你不确定应该做什么运动，以及合适的运动量。

建议最小运动量是每周5天每次30分钟的适度运动。它应该是有氧运动，能够让你呼吸加快、血液循环加速。最好选择一些你喜欢的运动，这样你就可以坚持。比较流行的运动包括散步、跑步、骑自行车、游泳和跳舞。有些人在选择运动时需要考虑自己的身体情况。

- 你知道锻炼有益大脑，很想锻炼，但你有心脏病，怎么办？

所有老年人，特别是在有心脏病、糖尿病、高血压、关节炎或哮喘等疾病的情况下，在锻炼计划开始之前应咨询医生。对于大多数成年人来说，总能找到一种安全的锻炼方式。

- 你想要锻炼，你之前也有过几次尝试。可惜你太忙了，每次都以失败告终。你就是找不到时间继续锻炼。

如果你的日程太满，找不到充足的时间锻炼，可以试着把锻炼时间分成几个小单元，如三个10分钟。你可以把车停在离办公室更远的地方，然后在上下班的路上快走10分钟。你也可以在午餐或晚餐后散散步。每天进行简单易行的锻炼比你想象的要容易得多。

Step 6 　第6步

增强记忆力

在第5步中,我们介绍了你可以在饮食和体育活动方面作出改变,帮助改善记忆,降低患阿尔茨海默病的风险及其影响。在第6步中,我们将讨论如何在日常生活中增强记忆力。首先是脑力训练:纸笔游戏和练习,以及电脑记忆训练。这些活动能让你更聪明,并改善你的思维和记忆吗?还有其他有效的活动吗?接下来,我们将讨论提高记忆力的策略。最后,我们将讨论在日常生活中可用来改善记忆功能的辅助工具。

第15章

如何增强记忆力？

人们经常问，是否有一些脑力训练可以帮助他们保持敏锐，避免记忆丧失。目前正在销售的在线或电脑脑力训练游戏，宣称可以改善记忆力、促进大脑健康，这些游戏的效果怎么样？填字游戏、数独等类似游戏真的能让大脑保持年轻，预防记忆丧失吗？还有其他保持大脑健康的脑力活动吗？我们将在本章探讨这些问题。

目前还没有足够的证据证明脑力训练游戏可以让大脑更健康

杰克和女儿萨拉发生了一点小争执。萨拉订购了一个在线电脑脑力训练项目。她希望杰克每天至少花30分钟训练。

"你能试试吗，爸爸？"萨拉恼怒地问道。

"我不喜欢那些东西，萨拉。"杰克叫道，"我不擅长电脑，是电脑让我丢了工作。我知道你是电脑高手，但我不是，电脑让我觉得自己又老又蠢。"

"我不是要你成为专家。"萨拉说,"我只是想让你试一试。网站说它可以让你更聪明,让你的大脑更年轻。来,我给你看看……"她在电脑上点击了几下。"好吧,"萨拉接着说,"我想它实际上没有说它会让你的大脑更年轻,但它在这里暗示了这一点。"她指着屏幕上的一些文字。

"萨拉,我知道你想帮我,但我想去上陶艺课,完成我自己的作品,然后我要去见兄弟们,一起打曲棍球。我没时间弄电脑这玩意儿。"

"你就不能错过一次曲棍球活动吗?而且你的'曲棍球'活动看起来更像是一种社交活动——你花一小时打球,两小时吃饭聊天。"

"这有什么不对吗?我们打完球后一起吃晚饭,我正在努力改善饮食——就像你告诉我的那样去做。"

"你就不能试试电脑吗?"

杰克对抗地瞪着萨拉,但从萨拉的眼神中,杰克看出她是多么想帮助他。杰克的目光柔和下来。"好吧。为了你,萨拉,我会试试的。但我还是要去上陶艺课,然后和大家一起打曲棍球。"

"谢谢,爸爸。我要求的只是这个,请试一试。"

看到杰克停留在网站的正确页面,萨拉就离开了,让他自己进行电脑训练。杰克看了看钟。他想,*好吧,我可以花10分钟在电脑上,还能有时间去上陶艺课和打球*。杰克在电脑上完成了第一套练习。嗯,也没我想的那么糟,尽管我不觉得自己聪明了多少……

❖—❖

健脑益智的产业是市场上增长最快的产业之一。但这些产品真的有用吗?这个问题人们已经争论了一段时间。2016年,美国联邦贸易委员会裁定某些脑力训练产品夸大宣传,对此处以罚款,并责令从产品广告中删除未经证实的言论。的确,一些脑力训练产品在研究中显示出一些希望,但结果好坏参半。研究结果显示,人们能够从训练任务中获益,但这种获益并不能延伸到其他的日常功能方面;人们还经常说,他们自我感觉大脑更加健康了,但几乎没有证据表明大脑健康状况确实有所改善。所以,当你玩脑力训练游戏时,你可能变得更擅长玩游戏,你可能感觉自己的大脑更健康了,但不幸的是,这种感觉并不能转化为对大脑健康状况的真正改善。简而言之,目前还没有足够有力的证据表明可以使用脑力训练游戏来改善大脑健康。

同样的,用填字、数独等游戏挑战自我是一件愉快的事情,但这些游戏并没有被证明对延缓大脑衰老有显著影响。同理,做这些类型的智力游戏可能会让你做得更好,但它们不太可能改善你大脑的总体健康。(但请注意,它们比看电视更有益于大脑。)我们建议,如果你想玩脑力训练游戏和智力游戏,觉得很有趣,那就去做,但如果你做这些事情是希望提升记忆力,那就省省时间和金钱吧。把这一点说清楚之后,我们还要补充一点,新产品正在设计和测试中,其中一些是在科学家和医生的帮助下进行的,所以将来可能会有真正有益的产品问世。

如果这些游戏都不能促进大脑健康，那该怎么办呢？我们建议你参加一些能刺激心智、促进社交的活动，培养一种积极的心态来对待衰老（和人生）。许多诸如此类的活动还能促进体育锻炼，正如我们在第5步第14章中所说，体育锻炼对保持大脑健康至关重要。

参加新奇、刺激心智的活动

"把你的手弄点湿，然后开始处理黏土。"指导老师解释说。

杰克在当地的手工艺品店上课，学习制作陶器。杰克十分专注。作为一名电工，他做过最接近陶艺的事就是用石膏和抹墙粉修补墙壁和天花板。现在他正试着为萨拉做一个花瓶。

"不要太厚，也不要太薄。"指导老师继续说，"努力让你的作品保持均匀的厚度。"

杰克正在努力使厚度均匀。"嘿，"杰克转身向坐在他左边的一个50多岁的男人说，"为什么你的这么均匀、这么光滑？怎么弄的？"

"试试这个工具，多加点水——你的黏土太干了。"

"好的。"杰克回答说，"谢谢，我总是忘记加水。"

加了水、用了工具之后，杰克的作品有了雏形。

"嘿，看起来像个漂亮花瓶！"

"谢谢。"杰克回答道，"你的碗看起来也很棒。"

"你觉得这门课怎么样？"

"比我想象的更困难,也更有趣。"杰克回答说。"你呢?"

"我完全同意。现在孩子们都离开了家,我妻子参加读书俱乐部的时候,陶艺让我除了看电视之外,还有别的事可以做。"

参加新奇、刺激心智的活动可以降低患痴呆的风险。哪种刺激心智的活动最好?学习新技能、培养新爱好、去新的地方,这些可以带来新奇体验的活动都能最大限度地改善大脑健康。做一些新鲜的事,让自己走出舒适区,似乎是最有益的方法。不太刺激的活动——比如看电视——实际上可能会增加患痴呆的风险。许多刺激心智的活动也可以促进社交、锻炼身体。你同时参加刺激心智、促进社交和锻炼身体这三种类型的活动,好处显然是最大的。因此,与其投资于在线或电脑益智游戏、填字游戏、数独或类似的游戏,我们建议你参加复杂、新奇、刺激心智的活动:参加社区教育课程、培养新爱好,或尝试新的运动。

参加社交活动

杰克和朋友山姆刚刚和队友们打完曲棍球。在引言中,我们了解到,山姆的妻子患有痴呆,山姆之前对杰克的记忆力表示担忧,他劝杰克去检查他的记忆力。

"对一群老家伙来说,今晚还不赖!"杰克感叹道,他在球场的更衣室里换回了便服。

"当然!"山姆表示赞同,"你给我的传球太棒了!"

"我传球给你之后,你又进了一个漂亮的球!"杰克说。

"这就是团队合作。"山姆回答说。

"我们一比六输了,太可惜了。"

"嗐,胜败乃兵家常事……"

"或者我们这种情况应该说,失败乃兵家常事!"

山姆笑了。

杰克、山姆和队友们一起走出球场,朝街对面的餐馆走去。他们走向餐馆后面的老位子,边走边和餐厅里的其他常客打招呼、聊天。

"哎哟,"杰克一边叹气,一边把自己酸痛的身体挪进了卡座,"比赛后在这里放松总是很爽。"杰克对他的6个球友说,他们也挤进了圆形卡座。

每个人都点了点头,有几个人坐下时直哼哼。

服务员过来请他们点饮料。"还是和平常一样吗?"她问道。

每个人都点头或咕哝一声"是"。

"我赢了第一轮。"杰克对服务员说,"记在我账上。"

饮料端上来后,杰克举杯,"致敬一些最差劲的曲棍球运动员——我最好的朋友们!"

◇ — ◆

人是社会性动物。年龄增长后,我们的社会关系仍然很重要。事实上,社交体验能够帮助大脑健康地老去。不幸的是,随着年龄的增长,一些因素会影响许多成年人的社交关系,比如退休、丧偶、失去朋友和家人,这可能导致社交圈子不断缩小。老年人独居的比例也随着年龄的增长而增加。孤独感，即无关生活环境的孤独感，可能会影响超过40%的老年人，这种孤独感与认知能力下降相关联。社交参与度低和孤独感都与痴呆的发生有关。

另一方面，有数据证明参加社交活动对认知有好处。一项对1000多名老年人长达5年的跟踪调查发现，那些社交最活跃的人的认知能力下降程度比最不活跃的人低70%。请注意，社交活动的质量很重要。消极的社会交往与认知能力下降有关。为了增进大脑健康和整体健康，我们建议老年人多寻找社交机会，培养积极的人际关系，减少消极的社会交往。当地社区中心、俱乐部和地方分会，基督教堂、犹太教堂和清真寺，继续教育中心、体育联盟和瑜伽课堂，以及许多其他组织都提供了社交活动的机会。此外，这些组织的许多活动还可以刺激心智或加强体育锻炼，如上所述，这也可以改善大脑健康。

保持积极的心态

杰克、山姆和曲棍球队的伙伴们吃完主菜后，坐在餐厅的卡座上休息。杰克吃了鱼和什锦蔬菜。

"你们知道我最喜欢打曲棍球的原因吗？"杰克问。

"可以和一群汗流浃背的老家伙一起打球？"一位朋友回答说。

"不。"杰克笑着回答，"我最喜欢的是，我可以对自己说：'杰克，如果你还能打曲棍球，说明你还年轻着呢。'"

"是的。"山姆插话,"我明白你的意思。我打球的时候就会忘记我的年龄……虽然第二天早上我醒来的时候,浑身酸痛,几乎动不了!"

"我同意。"另一位坐在桌旁的朋友说,"不过感到酸痛是件好事——这证明你很投入——我从小打完曲棍球后就会感觉酸痛。"

"说到小孩,"第三位朋友说,"追着孙子孙女跑的时候,我感觉自己变年轻了,仿佛刚当上爸爸。"

"当然。"山姆同意道,"但最棒的地方是,你可以在一天结束时把他们送回家。"

杰克笑了。"我和外孙女在一起的时候也有同样的感觉,就像我又回到了30岁。有时候我觉得他们说的是对的:你感觉自己有多年轻,你就有多年轻。"

"小态度,大不同。"这句温斯顿·丘吉尔的名言与一个新兴研究机构的发现有着异曲同工之妙。该研究机构发现,你对衰老的态度对你的衰老程度有重要影响。当老年人看到与衰老有关的负面词汇(如"衰老""老糊涂")时,他们在记忆力、思维能力和身体机能测试中的表现比起看到正面词汇(如"明智""有经验")时更差。一项长期研究发现,在38年的时间里,对于衰老,相较悲观者,乐观者的记忆力下降速度要减慢30%。我们并不是说只有积极的态度才可以治愈大脑疾病,但它可以改善你的情绪健康,并随着年龄增长,影响你的行为方式。如果你对衰老有更积极的看法,你就更有可能

尝试促进大脑健康的行为，比如锻炼、营养饮食和遵医嘱服药。培养乐观心态可以很简单，只要不被老年人的刻板印象所束缚，不对自己变老作出负面的评论，就可以了。承认并欣赏你的年龄和经验，它们给了你可以与他人分享的智慧。寻找你认识的健康乐观的老年人，多花时间和他们在一起。关注生活中积极的一面。

小　结

杰克把陶艺课上完成的花瓶送给萨拉。

"非常感谢，爸爸，很漂亮。"萨拉收到花瓶时说，"放在厨房的桌子上一定很完美。"

她停顿了一下，看起来更严肃了一些，说道："你知道，爸爸……"

"我知道你要问我什么。"杰克打断道，并为自己辩解，"你想知道我是不是在玩那些训练大脑的电脑游戏。老实说，我只做了一部分。要是全部做完，我就很难抽出时间去做我喜欢做的事情：上陶艺课、打曲棍球，还有，没错，和朋友们出去玩。也许它们不如脑力训练游戏那么好，但我喜欢做这些事情。它让我感到年轻——至少没那么老。"

萨拉说："是的，我要说的是，前几天报纸上有篇文章说，事实上你正在做的所有事情——培养新爱好、积极锻炼、花时间社交、保持积极的心态，其实都比脑力训练游戏要好。事实上，"萨拉不好意思地继续说，"其实几乎没有证据表明这些脑力训练游戏真的有帮助。"

"这是不是意味着我不用再做了？"杰克满怀希望地问道。

"是的。"萨拉微笑着回答，"继续做那些你一直在做的事就可以了——那些对你大脑来说就是最好的事情。"

目前还没有充足的证据证明在线和电脑脑力训练游戏值得投入时间和金钱。参加刺激心智的活动可能有益大脑健康，尤其是那些新奇且具有挑战性的活动，如培养新爱好。最后，社交活动和对衰老保持乐观心态有助于改善情绪，养成健康生活方式（如锻炼和健康饮食），从而改善记忆力、思维能力和大脑健康。

接下来用一些例子来说明我们在本章中学到了什么。

- 你看过在线和电脑脑力训练游戏的广告吗？你应该订购这些游戏来提高记忆力吗？

  对脑力训练游戏的相关研究通常无法证明它们真的可以改善大脑功能。玩这类游戏的人通常会越玩越好，而且经常自我感觉大脑更健康了，但并没有充分的证据表明记忆力、大脑健康或日常功能确实有所改善。我们建议参加其他能够刺激心智、促进社交和加强锻炼的活动。

- 你一定听说过一句老话"用进废退"，大脑就是如此。你知道你应该保持思维活跃，但你不知道具体怎么做。

  研究表明，参与新奇、复杂、刺激心智的活动是促进大脑健康的好方法。学习一项新技能、培养一种新爱好、去一个新地方、学习一门新语言，这些都是复杂而新奇的活动。你可以从当地的学院和大学、老年中心和继续教育项目中寻找感兴趣的活动。

- 你每天都做填字游戏和数独。它们有助于保护大脑吗？

    你会越来越擅长做这些游戏。但没有证据表明它们会促进大脑的总体健康。如果你喜欢做这些游戏，那就坚持下去！如果你做这些只是为了保护大脑，那么我们建议你考虑一下其他复杂新奇的活动，并尝试社交活动和体育锻炼。

- 自从退休以后，你的社交圈子变小了，而且经常感到孤独。这会影响大脑健康吗？

    会。孤独感与认知能力下降有关，而保持活跃社交与认知能力提高有关。我们建议你积极参加社交活动，加入社会团体，与家人朋友定期制订活动计划。

- 你看不到努力保持大脑健康的意义。你确信无论你做什么，随着年龄的增长，记忆力总会越来越差，为什么要做无用功呢？

    正如我们在第1步第2章中所说，随着年龄的增长，思维和记忆会发生一些正常变化，但与阿尔茨海默病或其他疾病相关的记忆丧失却不是正常现象。随着年龄的增长，对衰老的消极看法实际上可能会影响你对自己和大脑的关心程度。不要束缚于老年人的刻板印象，不要对自己的衰老发表负面看法，寻找成功老人的例子，对衰老保持积极态度。

第 16 章

哪些策略能增强记忆力？

在日常生活中，你可以使用许多不同策略或技巧来提高记忆力。这些策略需要人们花精力、有意识地去使用。有些你可能已经试过，有些你可能知道但没有用过，还有一些你可能甚至都没听说过。一开始使用新策略的时候，你可能笨手笨脚，不能顺利完成，但是练习得越多，你就越熟练，越能运用自如。许多策略组合使用效果更佳，下文也会提到这一点。请注意，并非每种策略都适用于每个人。我们建议你先全部尝试一下，然后选择自己喜欢的。我们鼓励你发挥创意——开发运用策略的新方法或开创最适合你的全新策略。

练习主动注意力

苏每周上两次瑜伽课，每天与朋友一起散步，乐在其中。她刚刚上完了一门成人教育课程，课程教授各个年龄段的人在日常生活中提高记忆力的策略。苏惊奇地发现（也松了一口气），许多人都有记忆困难，即使是那些比她年轻得多的人。现在，在伦敦旅行期间，她正努力将这些策略付诸实践。

经过一段风平浪静的飞行后，苏和约翰准备乘地铁去他们住的旅馆。头顶上方播放着许多广播通知，但他们都忽略了。他们终于进了地铁，然后大约等了20分钟。

"你有没有觉得哪里不对劲？"苏问约翰。

"有，一定是哪里出了问题。"约翰回答。

头顶上的广播开始播放："乘坐皮卡迪利线到伦敦的旅客请注意……"

"约翰！"苏惊叫道，"我想那是我们需要乘坐的地铁路线。我们得仔细听！"

约翰点了点头，他们一边等，一边听着头顶上方铺天盖地的其他广播通知。

我知道我需要做什么。苏对自己说，我得专注，主动集中注意力，就像我在课堂上学到的那样。苏开始感觉自己心跳加快了。她告诉自己，别紧张。

"乘坐皮卡迪利线到伦敦的旅客请注意……"头顶上的广播开始了，"请前往航站楼之间的中央汽车站……"

"你听清了吗？"约翰问。

"没有。"苏回答说，"我也没听清。给我一分钟，下一轮播放的时候我会记住。"

你可以。苏告诉自己。她花了一分钟缓缓地做了深呼吸，沉浸其中，用瑜伽技巧让自己平静下来。她感到自己的心跳慢了下来。

"乘坐皮卡迪利线到伦敦的旅客请注意……"头顶上的广播又开始了。

来吧,苏,集中注意力!她坚定地自言自语。苏闭上眼睛,屏蔽其他干扰,倾听每一个词,把所有注意力集中在广播上。当广播播放时,苏在脑子里想象着路线的每一步。

"我听到了。"苏说道,对自己的表现很满意,"我们要去2号和3号航站楼之间的中央汽车站,乘坐公共汽车到哈顿十字站,然后乘坐皮卡迪利线,穿过伦敦市中心,到达卡克福斯特站。"

"哇,苏……"约翰赞叹。

"谢谢,但给我一分钟。"苏打断约翰,"我想自己再把路线重复几遍。"

在第1步中,我们了解到,额叶需要关注来自感官的信息,以便从外部世界获取信息,并将其传送到海马体,海马体把它们绑定成一段新记忆,方便日后提取。我们讨论过,任何年龄段的人都可能难以集中注意力,而老年人可能需要付出额外的努力才能集中注意力。大脑额叶经常会分散注意力,对我们接收的信息没有给予充分关注。例如,我们可能一边听新闻报道,一边为白天要应付的所有差事而发愁;停车的时候,脑子里可能还想着要去的商店或者要赴的约会。在这些例子中,我们很可能会"忘记"新闻报道和停车地点,因为一开始我们就没有真正关注这些事情。

提高记忆力的第一个策略是练习主动注意力。当我们使用被动注意力时,我们只是让信息呈现在我们面前,并未有意识地去处理或了解这些信息。当我们使用主动注意力时,我们试着完全"处于当下",努力吸收所呈现的信息。例如,当你听一个想要记住的新闻故事时,你会关注它的内涵是什么,它提出了什么问题,以及你自己的看法。同样,当你停车的时候,要注意观察周围的环境,在脑海中记下每一个地标。正念训练是学习主动注意力的一种方法。它强调"处于当下"并且"有意识地集中注意力"。研究表明,正念训练可以提高思维能力和记忆力。如果你有兴趣了解更多关于正念训练的知识,你可以找找当地的课程或老师,或者购买专门介绍正念训练的书籍或有声读物。

尽量减少外界环境的干扰

除了我们头脑中的干扰,如思绪和感觉,还有外界环境的干扰,让我们很难集中注意力。当我们想要学习和记忆时,我们需要布置一个有利于学习的环境。试着在一个安静、光线充足、远离窗户(如果靠窗让你忍不住往外眺望)的环境中学习,关掉电话、电视、收音机和电子邮件。当你学习时,可以在门上贴个"请勿打扰"的标志,这样别人就不会打扰你了。摆脱杂乱的环境,消除可能的干扰,可以让你更专注于想要学习的新知识。最后,当你和朋友或爱人进行重要谈话时,一定不要同时做其他事情,要进行眼神交流。当你妻子让你听她说话的时候,你不要一只眼睛盯着足球赛。

适时休息

长时间全神贯注可能比较难。你的大脑额叶只能集中注意力一段时间,然后就会疲劳,注意力就开始下降。当你试图学习新知识时,我们建议你每小时休息10分钟。如果一个小时太长,你发现自己的注意力在更短时间内就开始逐渐下降,那么适时休息一下。每个人都不一样——找到最适合你的休息时间表。

每隔一段时间重复信息

无论你想记忆什么,重复都是提高记忆力的有效方法。无论是重读你想记住的新闻故事,还是回想你接收到的信息,重复都是一个简单而有效的工具。每隔一段时间重复一次效果最佳。举个例子,如果你想记住一个新闻故事,稍后告诉你的丈夫,不是听到之后立刻重复几遍,而是听到之后重复一两遍,大约30分钟后再重复一遍,一两个小时后再重复一遍。如果你想让记忆保持几年,最好隔几天、隔几周、隔几个月重复一次。大声念出来可以加强你对信息的关注,加深你对材料的理解。

建立联系

苏和约翰乘地铁到达旅馆后,就出去游伦敦了。上午参观了大英博物馆后,他们站在门前宽阔的台阶上讨论去哪里吃午饭。

"打扰了。"一个与他们年纪相仿的女人操着熟悉的美国口音说,"我不是故意偷听,但我听到你们在找吃午饭的地方。你们一定要试试'广场鹅'餐厅。我们昨天就在那儿吃午饭。"

"是的。"和那女人在一起的男人说,"它就像英式小吃……你可以拿很多小盘子,每样东西你都可以尝一点。"

"非常感谢。"苏说,"听起来不错。"

苏心想:好的,我要记住广场鹅,广场鹅,我怎么记住它呢?我知道了!我会联想到那些喜欢待在我们家乡广场上的鹅……这就是我记忆的方法!

大脑可以将信息与信息联系在一起,织成一张网。当我们想要学习新知识时,我们可以利用这一方法,有意识地把新知识和我们已掌握的知识联系起来。有时,这个方法可以与我们接下来要说的一个方法(创建视觉图像)结合使用。

创建视觉图像

苏和约翰继续和这对美国夫妇聊天。

"听到熟悉的口音真好。"约翰说,"你们是哪里人?"

"我们来自犹他州。"女人回答说。

大家自我介绍并相互握手。苏和约翰得知,这对夫妇已经在伦敦待了一个星期,还有其他好的餐厅可以分享。

"如果你喜欢印度菜,"女人说,"那就试试亚当街上的金色西塔尔（西塔琴）餐厅。"

苏继续使用课堂上学到的技巧，在脑海里创造了一个滑稽的形象，一个金色西塔琴放在侄子亚当的头上。想到这里，苏的脸上露出一丝微笑。

"如果你对法国菜感兴趣，"女人说，"那就试试弓街（蝴蝶结）上的红堡餐厅。"

苏在脑海中描绘了一个小城堡的视觉图像，城堡整体涂成红色，系着一个大大的红色蝴蝶结，仿佛一个礼物。

"噢，这让我想起了附近一家很棒的面包店。"这位女士说，"国王街上的红玫瑰面包店。"

苏又描绘了一个戴着王冠的国王形象，王冠中间有一块面包，面包上有一朵红玫瑰。

说到记忆，一张图片真的胜过千言万语。许多停车场利用图片和数字来标记停车场的楼层。如果没有图片怎么办？创造一个！假设你把车停在停车场C区第四排。在你离开之前，你可能要花点时间想象一个场景——4只猫（cat）蹲在车的引擎盖上，帮助你把字母C、数字4与停车位联系起来。视觉图像是一种强有力的方法，可以用来改善你日常生活中的记忆力。

定位记忆法：把它放到一个位置上

午饭后，苏和约翰前往既定计划的下一个目的地——白金汉官。在路上，他们发现了一家可爱的旅游纪念品商店，苏在那里为孙子孙女挑礼物。苏这次采用课堂上学到的另一种方法来记住每个孩子想要的纪念品。她想象着家中的场景，每个孩子在不同的地方玩着各自的礼物。她在脑海里"走了一遍"家中的各个房间，看看每个孩子都在玩什么。虽然她的手提包里也有一张礼物清单，但她想先看看自己能记住多少。

好了，苏，开始吧。从前门进去。在门厅，我看到小威廉在玩新的红色双层巴士，所以这是第一份礼物：给威廉的一辆红色双层巴士。我现在走进客厅，看见马德琳在咖啡桌旁摆弄一本纸娃娃换装的童书。罗比站在扶手椅上，右手高高举起，玩着一个一战飞机模型。小詹姆斯在家庭娱乐室里试着把系在绳子上的小球放进杯子里。莉莉坐在餐厅，戴着白色的帽子。玛丽正在厨房帮她妈妈系上新围裙。亨利正在浴缸里玩着充气球。最后，乔治在卧室里穿上了新的"神秘博士"T恤。

"很好，"苏扳着手指头数着，"我全记住了！"

--- ◆ — ◆ ---

2000多年前，希腊人发明了定位记忆法来记住大量信息。你也可以使用这个方法。从一个你非常熟悉的地方开始，比如你的家。在脑海中，走一遍自己的家，在每个房间（甚至每个房间的每个角落，比如沙发、椅子、桌子）放入你想记住的东西。当你想要唤起记忆的时候，你只需在脑海中走一遍，看看你在每个房间里放了什么。有时，如果你把东西放在它们通常该放的地方，比如厨房里的巧克力布丁，这种方法就会起作用；但如果你把东西放在它们通常

不该放的地方，比如客厅白色沙发上遍布的巧克力布丁手印，那就更难忘记了，效果可能更好。如果你愿意的话，还可以用这个方法按顺序记忆——只需在脑海里按照你想要的顺序从家的一端走到另一端，经过每个房间和房间的每个角落。

首字母记忆法

> 下午参观完白金汉宫的卫兵换岗仪式后，苏和约翰回到酒店，想在晚饭之前休息放松一下。
>
> "苏，"约翰开始说，"帮我记住，下地铁后，我要去买些口香糖，再买一把雨伞。"
>
> "没问题。"苏回答说，"方便时，我想再买点牙膏、玉兰油、舒洁纸巾和薄荷糖。"
>
> 苏心想：那我该如何记住这些东西呢？也许我可以用首字母记忆法。T(oothpaste，牙膏)、O(il of) O(lay)（玉兰油）、K(leenex，舒洁纸巾)、M(ints，薄荷糖)、U(mbrella，雨伞)和G(um，口香糖)。TOOKMUG……完美！TOOKMUG，我会记住的！

首字母记忆法指利用一个容易记住的首字母或缩写帮助学习和回忆信息。这个方法很有用，因为它能够将冗长的信息组织起来，并在你试图回忆时提供线索。

让我们做个练习。花一分钟时间，看看你能否说出美国五大湖的名称。很好。现在看看你能否说出彩虹的所有颜色。

准备好回答了吗？五大湖分别是休伦湖、安大略湖、密歇根湖、伊利湖和苏必利尔湖（Huron, Ontario, Michigan, Erie, Superior）。彩虹的颜色有红色、橙色、黄色、绿色、蓝色、靛蓝和紫色（Red, Orange, Yellow, Green, Blue, Indigo, Violet）。你做得怎么样？有没有使用什么技巧来记住这些信息？

许多人依靠首字母的方法来记忆五大湖和彩虹的颜色。HOMES就是用来记住五大湖的首字母缩写，ROYGBIV（或Roy G. Biv）就是用来按顺序记住彩虹颜色的首字母缩写组合。你可以在日常生活中寻找更多使用缩略词的方法。

分块记忆法

买完给孙辈的礼物和自己所需的物品后，苏和约翰身上的英镑都花光了。他们在银行的ATM机前停了下来。苏插卡并输入四位密码，机器突然跳出一条消息，让苏打电话给银行。通电话后，银行工作人员说，在海外使用她的卡需要输入另一种十位密码，等工作人员挂断电话之后，电脑会发送密码两次。苏一时慌了。我该怎么记住这个十位数呢？

"约翰。"她大声说，"拿出纸和笔，我将要报一个十位数，你马上记下来。"

"十位数。"约翰重复道，"和电话号码一样长——还是带区号的！"

"就是这样！"苏自言自语道，"十位数就像一个电话号码。我可以将十位数拆分成三位数、三位数、四位数这样三段，就像区号、城市前缀和数字一样。"

电脑开始播报："您的海外密码是：5-4-2-7-6-5-3-1-8-0。"

"542-765-还有什么？"苏自言自语道。

电脑继续："重复一遍，密码是：5-4-2-7-6-5-3-1-8-0。"

"542-765-31-80"苏念道，然后大声重复："542-765-31-80，542-765-31-80。"

"我记下了！"约翰得意地回答。

分块是一种有用的记忆工具，它可以使大量的信息变成一个个小块，更易于管理。

例如，试着记住这些字母：

CIAFBINBACNNABCNFL

现在试着记住这些字母：

CIA-FBI-NBA-CNN-ABC-NFL

当你试图记住新的电话号码、车牌、电脑或银行密码时，分块记忆法非常有用。

按主题对信息分类

分类在某种程度上类似于分块，只不过分类要求重新组织需要记住的信息。例如，假设你要记住下列单词：

原始列表（随机顺序）

- 苹果
- 熊
- 香蕉
- 钢笔
- 橘子
- 狮子
- 铅笔
- 记号笔
- 老虎

现在试着分类：

分类列表（动物、水果、书写工具）

- 狮子
- 老虎
- 熊
- 苹果
- 橘子
- 香蕉
- 铅笔
- 钢笔
- 记号笔

分类法可以帮助你记住去超市需要购买的东西，你离家时需要带的东西，或者你白天需要做的事。按主题分类，比如关于美容：理发、美甲；关于食物：去杂货店买东西，去面包店买甜点；关于汽车：加油、洗车。

押韵记忆法

第二天，苏和约翰在泰晤士河边散步。他们路过一个男人，他身上挂着一块大标语牌，上面写着巴黎蛋糕店的广告，男人口中还吆喝道："伦敦最好的蛋——糕——店，巴黎蛋——糕——店！伦敦最好的蛋——糕——店，巴黎蛋——糕——店！"

下午晚些时候，他们正沿着泰晤士河向环球剧院走去，想找点吃的。

"你想吃点什么？"约翰问苏。

"我承认，"苏开始说，"自从我们路过那个给巴黎蛋糕店做广告的人，我脑海中就一直回荡着：'伦敦最好的蛋——糕——店，巴黎蛋——糕——店！'我真想试一试！"

"当然可以……"约翰表示同意，"我看看能不能在附近找到一家。"

试着填上这几条广告语：

"Don't get mad, get _____."（坏心情，_____ 清）

"Fill it to the rim with _____."（倒满杯，_____咖啡）

也许我们最喜欢的一句是"Nothing sucks like an _____."（超能吸，用_____）

答案是：Glad（佳能垃圾袋）、Brim（一个咖啡品牌）和Electrolux（伊莱克斯，真空吸尘器）。

广告商使用押韵，是因为它们有效，朗朗上口，而且容易记住。学校老师也使用押韵来帮助孩子们记住语法规则（"i后面是e，除非i前出现了c"）和历史事实（"一四九二横海渡，哥伦布发现新大陆"）。你可以在日常生活中利用押韵记住几乎所有的信息。例如，"车我停在楼层八，不然我就迟到啦！"或者"不带面包，开车抛锚"。

投入情感

苏和约翰在巴黎蛋糕店吃了一顿美味晚餐后，来到泰晤士河边的环球剧院。他们看过很多莎士比亚的戏剧，但这将是他们第一次看《罗密欧与朱丽叶》。

戏剧开始了。苏被演员们的激情吸引，感觉自己回到了20岁。当朱丽叶在阳台上和罗密欧说话时，苏拉着约翰的手。

"晚安，晚安！"朱丽叶对罗密欧说，"离别是如此甜蜜的忧伤，我将道晚安直到天明。"

演出结束后，苏和约翰沿着泰晤士河散步，在回旅馆的路上，苏挽着约翰的胳膊。

"多么有激情的演出啊！"苏说，"难怪400年后还在上映。"

"你最喜欢哪一部分？"约翰问。

"阳台上的场景。我想我会记住她说过的话——离别是如此甜蜜的忧伤，我将道晚安直到天明。"

还记得你的初吻吗？你的约会对象穿什么衣服去参加舞会？你的第一只宠物叫什么名字？如果你对生命中的某段时光投入了情感，那么你可能记得很久以前那段时光的一些非常具体的信息。例如，你可能记得高中毕业那天的天气，但不记得最近一个无关紧要的日子的天气。一般来说，由于一些原因，比起非情感信息，我们会对情感信息记得更清楚。我们更有可能关注情感信息，也更有可能重复情感信息：思考倾注了情感的事件，在脑海中反复呈现，并向他人讲述。此外，一个情感事件会激活我们大脑中被称为杏仁核的部分，它告诉海马体这个事件很重要，要记住。

那么如何利用情感记忆呢？当你在倾听或阅读新信息时，试着让自己全身心投入其中。问问自己："如果我处在那种情况下，会有什么感受？"注意说话人的情绪语调，以及你自己对所提供信息的情绪反应。赋予这些信息个人的、情感的意义——你有过类似经历吗？通过这种方式，你提升了信息的情感属性，这将有助于加深你对信息的记忆。

自我测试

你在学习备考的时候用过抽认卡吗？如果有，那么你已经熟悉了学习新知识过程中自我测试的好处。人们发现,无论学习何种材料,定期自我测试是学习新知识最有效的方法之一。划重点和重复,制作抽认卡和自我测试,将这两种流行的学生学习方法进行对比,后者被证明有效得多。事实证明,谁制定或管理测试并不重要,只要你接受测试,它就会帮助你记忆材料。

测试相当容易。根据学习内容,你可以制作抽认卡,设计一种不同类型的自我测试,或者购买测试试题。你可以自我测试或让别人测试你。

写下来

制作抽认卡的另一个好处是,在这个过程中,你会把信息写下来。把信息写下来,会记得更牢,尤其是写下摘要或关键点,而非逐字逐句地抄写,效果更好。写下信息的要点需要我们对信息进行深入处理,而这种处理使我们更有可能记住它——即使我们从来没有回头看过笔记。

记名字有时候很困难

苏和约翰去了一周前那对来自美国犹他州的夫妇推荐的红堡餐厅,在那里他们又遇到了那对夫妇。

"嗨,苏,很高兴见到你和约翰!在伦敦过得愉快吗?我想你们应该是听了我们的建议来到这里的。"女士说。

"是的，是的——我们在伦敦过得很愉快，真的很感谢，你们推荐的餐厅都很棒。"苏一边说，一边努力回忆着这位女士和她丈夫的名字。

"这家餐厅也不会让你失望！"男人说。

苏很尴尬，她想不起他们的名字，但她鼓起勇气说："很抱歉，我想不起你们的名字——能提醒我吗？"

也许你可以联想到以下场景：你在一个聚会上，发现有人朝你走来。你知道自己以前见过他，也许不止一次，甚至还记得细节，比如他做什么工作或者住在哪里。但你不记得他的名字。他离你越来越近了。

记名字需要专门提一下。问到记忆力时，老年人最常见的抱怨就是记不住名字。有很多情况会影响我们记名字的能力。通常情况下，你可能知道某人的名字，但需要说的时候，却怎么也想不起来了。在这种情况下，你已经很好地记住了这个名字，但是你很难把它提取出来。正如我们在第1步第1章中所说，你甚至感觉到它就在嘴边，这种困难被贴切地称为"舌尖现象"。不过也有可能一开始你就没有很好地记住这个名字。通常，有人介绍我们认识新朋友时，我们没有把注意力放在他们的名字上，而是努力在想选择什么样的话题。还有一种情况是，我们是在一个喧闹的聚会上与他们相识，有许多干扰的因素。

名字在嘴边却想不起时，试着放松

难以想起名字——感觉它就在嘴边，面临这种情况时，下面的策略可能会有帮助。首先，试着放松，这很重要。遇到这种情况，你可能会开始感到焦虑和尴尬，这些情绪只会让你更难想起你要说的名字。缓缓深呼吸几次通常会有帮助。大多数"舌尖现象"一分钟左右就会消失。接下来，试着想想你知道的关于这个人的信息。他（她）做什么工作？最后一次见面是什么时候？他（她）住在哪里？怎么认识的？通过思考这些信息，你正在收集相关线索帮助你想起那个名字。另一种技巧是通过回想一遍字母表来查找名字。还有一件事需要注意。不要重复一个听起来很像的名字。你可能希望这种重复会帮助你回想起来，但它通常会起到反作用，阻碍你想起那个正确的名字。

首先要牢牢记住名字

这对来自犹他州的夫妇重新说了一遍姓名。苏大声地照着念，并再次为没有记住他们的名字而道歉。

"别担心。"女人说，"我们也有同样的问题！"

苏想：好的，现在我需要把他们的名字和我已知的事物联系起来，这样我就不会忘记了。

在回旅馆的路上，苏又重复了几遍他们的名字以及她所建立的联系。我不知道还有没有机会再见面，但如果再见面，我会想起来的！

第二天早上，苏和约翰前往机场。很巧，站在他们前面的正是来自犹他州的朋友！原来他们乘坐同一航班返回美国。这次，苏毫不费力地叫出了那对夫妇的名字。

如果我们确保一开始就牢牢记住名字，那么之后想起来就会更容易。本章讨论的许多策略都可用于记忆新名字。当你遇到一个新朋友时，确保你听到的名字准确无误，并且你在记名字的时候全神贯注。可以利用主动注意的技巧。大声重复对方的名字，并作评论，把它与你已知的事物联系起来："噢，你叫弗兰克？我哥哥也叫弗兰克！"自我介绍不要简单地报自己的名字，还要重复对方的名字："嗨，弗兰克，我叫约翰。"创建视觉图像：以一种有助于记住名字的方式想象一个新认识的人（想象弗兰克吃法兰克福香肠）。在谈话过程中多次重复对方的名字，谈话结束时再重复一次（"再见，弗兰克，很高兴见到你"）。

有些人会觉得在谈话中重复别人的名字不太自然——他们认为这听起来像是销售人员做的事情。嗯，销售人员这样做是因为这对销售很有帮助，重复别人的名字会帮助你记住这个名字，增加别人对你的好感！所以，如果你在尝试这种方法时感到不自在，提醒自己这不仅对记忆有好处，还能帮助你结交新朋友。

在参加社交活动之前先温习一下别人的名字

有备无患。如果你知道自己要参加一个活动，而且久未谋面的朋友、熟人或同事也会参加，那么请提前唤醒你的记忆。你可以问配偶、朋友或同事，他们希望谁来参加这个活动。你也可以使用脸书这样的社交工具来温习一下你可能会遇到的人的名字。

忘了名字也没关系

有时候不论用什么方法，你都会忘记名字。当这种情况发生时，说实话也没关系。你可以这么说："很高兴见到你。我还清楚地记得我们上次关于你女儿的谈话，但我不得不承认我想不起你的名字了。你能提醒我一下吗？"有可能——甚至很有可能——对方也忘了你的名字！主动询问可能会减轻对方的焦虑，使其有机会反问你的名字。正如我们在上一章所说，对衰老要保持积极的态度！如果你想不起来，不要对自己太苛刻。这很常见——你不是个例。

小　结

在回程的飞机上，苏与她的新朋友聊得很开心。现在，苏每天锻炼身体，增加社交活动，成功地运用了课堂上学到的许多记忆策略，她感到不那么沮丧了，对自己的记忆力也更有信心了。

本章我们学习了许多不同的策略，可以帮助改善日常生活中的记忆力。现在大家已经了解，要发挥记忆策略的作用，需要在适当的时候有意识地使用它们。我们还学习了如何运用这些策略来帮助我们记住名字，忘记人名是老年人最常见的抱怨之一。请记住，你使用策略的次数越多，它们就会变得越简单、越有效。你可能不想使用所有策略，并且你可能在第一次尝试时并不顺利，但是通过实践，你会找到真正适合你的策略。

接下来用一些例子来说明我们在本章中学到了什么。

- 学习和使用这些策略似乎需要付出很多努力，值得吗？

  对于大多数人来说，学习和使用这些策略的确需要付出努力，但随着时间的推移，当你找到最适合你的策略并不断练习使用时，它们就会变得更容易。这些策略是帮助你在日常生活中提高记忆力的有效方法。

- 你好几次在停车场找不到你的车。为什么会这样，你能做些什么呢？

  一个常见原因是你停车时分心了，没有留意车停哪里。注意停车位置周围的标记和景象。使用视觉图像等策略来记住停车位置。

- 你的妻子说你有"选择性记忆"，因为你总忘记她让你做的家务。你能做些什么来帮助自己记住她说的话吗？

  你的配偶通常会在你注意力分散时跟你说一些事情，比如你的妻子可能在你看足球赛或在院子里干活的时候，叫你去洗衣房拿衣服。要想记住配偶跟你说的话，就要消除或减少干扰，主动集中注意力，并适时重复。所以关掉电视吧，与她进行眼神交流，重复她说的话。

- 你不是那种"视觉"型的人，所以你觉得视觉图像对你没用。

  并不是每个策略都适合所有人。有的策略对某些人有效，对另一些人无效。要想找到适合你的策略，最好的办法是每种都尝试几次，看看结果如何。记住，如果第一次没有成功，不要放弃，但是如果尝试几次之后还是不太顺利，那么这个策略可能不适合你。大多数人都能找到几种适合自己的策略。

- 想不起别人的名字时，我会感到很尴尬，所以我开始回避一些社交场合。

　　随着年龄的增长，想不起人名是一个极为常见的现象。试着放松，缓缓深呼吸几次，提醒自己这种现象很常见。如果可能的话，提前梳理一下下次社交活动中你可能会遇到的人的名字。使用一些学过的策略来提高记忆新名字的能力。如果想不起来，坦诚相告——他们可能也想不起你的名字，就算记得，他们也可能理解你的感受！

第 17 章

哪些记忆辅助工具有用？

有许多纸质、机械和电子辅助工具可以帮助我们将信息条理化，减轻记忆负担。有些人不愿意使用记忆辅助工具，他们说，"我以前从来不用日程表，现在也不想用"或者"我从来不用药物收纳盒，我自己就能记住"。另一些人则担心，如果他们使用这些辅助工具，大脑会变得懒惰。事实上，如果你认识一个记忆力很好的人，很可能这个人使用记忆辅助工具——你也应该这样做。

三条黄金法则

在使用记忆辅助工具时，我们首先要遵循三条黄金法则。

第一条法则：不要拖延。想要利用记忆辅助工具成功地记住事情，不要拖延。例如，如果闹钟响了，提醒你吃药，那么停止你现在做的事情，去吃药。有了新的日程安排，立刻写下来。

第二条法则：保持简单，避免复杂。例如，不要有四个日程表，只用一个。简单可以减少混乱。

第三条法则：养成习惯。每次都要使用你的记忆辅助工具。一旦养成习惯，即使你疲累、匆忙或者不专注时，你都会自觉使用它。

有条理

>杰克和女儿萨拉出去吃午饭。杰克正在努力记忆一些事情，比如要做什么事、买什么东西。由于他过去记忆力很好，他一直依赖自己的好记性，从不使用记忆辅助工具。
>
>"萨拉，你能帮我记一下回家的路上要买面包、凉菜和奶酪吗？"杰克问，"说到记忆力，我不知道你怎么能记住你工作中需要做的每件事，还有家里的事、购物清单和其他东西。"
>
>"爸爸，大多数人都记不住所有这些东西。"萨拉轻声笑着，从手提包里掏出一张纸和一支笔，写下"面包""凉菜"和"奶酪"。"我使用列表或者用其他方法来帮助我记忆。回家后我给你看。"

事实证明，那些从不擅长记忆的人往往比那些一生都记忆力很好的人更能轻松应对记忆丧失问题，原因是前者年轻时便培养了将信息条理化的习惯，并使用记忆辅助工具——比如本章提到的那些记忆辅助工具。当记忆力开始衰退的时候，他们只不过更依赖于已经在使用的辅助工具。而对于那些总是依赖以往好记性的人来说，情况就会更困难。如果你已经在使用这些记忆辅助工具，很好，继续使用它们！如果你还没有尝试过，现在该尝试一下了。

指定一个记忆桌

"你知道最糟糕的事情是什么。"开车回家的路上,杰克对萨拉说,"我每天早上都要花20分钟找我的眼镜、钥匙和钱包,我忘了前一天晚上把它们放哪里了。"

"这很容易解决。"萨拉在车道上停车时回答说,"进来吧,我给你看。"萨拉打开房子的侧门。"每天回到家,我都会把钥匙、眼镜和钱包放在这张桌子上,这样在我需要的时候就能随时知道它们在哪里,第二天出门的时候就可以带上它们。"

准备出门的时候,你有没有发现自己手忙脚乱地找钥匙、手机、眼镜或其他东西?如果是这样的话,考虑在门附近放置一个记忆桌(或碗、篮子)吧。进门时把所有东西都放在这个地方,养成习惯,这样出门时你就知道在哪里可以找到它们。时间久了,你会不自觉地把东西放在那里,每次出门时就不必在家里到处找东西了。请注意:确保你的记忆桌干净整洁。只放重要的东西,定期清理和整理,确保不会堆积其他杂物。如果东西堆得乱七八糟,这个方法就不会奏效。

使用药物收纳盒

杰克很难确定自己有没有吃药。"现在我有降压药、胆固醇药、记忆力药,还有一些维生素片。我不想忘吃任何一种,但也不想不小心吃两遍。"

萨拉走进厨房，对杰克说："我用这个药物收纳盒。星期天我把它装满，把我早上吃的药放在每个写着'上午'的格子里，晚上吃的药放在每个写着'晚上'的格子里。我把它放在厨房的桌子上，吃早餐和晚餐的时候就可以服用。这样，我就再也不用担心自己会忘记吃药了。"

你会不会忘记吃药？你是否有时不确定自己当天是否吃过药了？使用药物收纳盒可以非常有效地解决这个问题。它可以提醒你吃药，帮助你记住是否吃了药，并确保你在正确的时间服用正确剂量的药物。第一步是选择一个适合自己的药物收纳盒。现在有很多不同种类的药物收纳盒可供选择。基础药盒一格对应一天（一格可以是小的也可以是大的），用来存放一周内每一天的药物，有一周、两周或者一个月容量的药盒；也有分隔更小的药盒，可以存放每天两次（早、晚）或每天三次（早、中、晚）的药物。还有很多其他选择：彩色编码的格子，带有盲文字母，内置警报器，装有显示屏，甚至还有在服药时提醒医生或家人的通信设备。你想知道哪种药物收纳盒最适合你，和医生谈谈会很有帮助。一些供应商可能会给你一个免费的药盒，一些保险公司会支付费用。一旦你决定了使用哪种药盒，下一步就是选择在一个星期或一个月中的某一天，把需要服用的药物从包装中拿出来，整理放入你的收纳盒。有时人们会让家人或专业人士为他们做这件事情。一些药店可以提供这种服务，把一个月的药物分装在一个个小包装中，只需额外支付一点费用。找到最适合你的药物收纳盒，并坚持使用它。

依靠日程表或每日计划

"我看到你在冰箱上贴了日程表。"杰克说。

"是的,那是家庭日程表。"萨拉回答说,"每个人都可以往上面写东西。我们每次在厨房都能看到它。你的放在哪里?"

"地下室。"

"地下室?那你多久能看一次呢?"

"不常看,现在我想起来了……我以前把它放在地下室,这样我就可以在早上离开家之前看看今天有哪些客户,约了什么时间地点,然后再通过地下室的门进入车库。但我承认,现在我不工作了,也不常去看它,因为它在地下室……也许我应该把它移到厨房里来。"

每个人都可以使用日程表或每日计划来记录约会和重要日期。如果你还没有用过,我们建议你开始使用。许多人使用日程表,却没有充分利用它们。确保你的日程表放在你每天都能看到的地方。

使用它时,务必记下每次约会的所有重要信息。在上面记录的时候,想想这五个"W"会很有帮助:WHEN,WHO,WHERE,WHAT和WHAT。WHEN是约会的日期和时间,WHO是和谁约会,WHERE是约会的地点(和电话号码),第一个WHAT是约会的内容,第二个WHAT是应该带什么。

例如:6月12日星期六下午3点;贝卡·琼斯;梅贝里大街123号,电话123-456-7890;做甜点;带上饼干切刀。

又如，7月6日星期一上午10点；哈里·史密斯博士；某某镇欢乐街99号，电话222-333-4444；定期体检；带上保险卡和药瓶。

这些信息会让你更容易记得需要带什么，也有助于问路，还可以在你快迟到时打电话。

如果你的日程表放在家里，确保它在一个显眼、你频繁经过的位置，这样你就会经常看到它。每晚查看日程表，看看明天和下周要做什么。早上第一件事就是再回顾一遍，这样你就知道日程安排了。如果你把日程表放在家里，把当天的约会和所有信息都抄写下来（或者用手机拍张照片）。你也可以利用早上的这段时间设置闹钟，提醒你准时赴约。

利用科技

"毫无疑问，如果日程表放在厨房，你每天都能更方便地看到它。"萨拉表示同意，"你还可以用手机上的日程表。"

"手机上也有吗？"杰克问，"等等，你可别说，这是一个'App'，对吧？"

"没错！手机日程表的优点包括它可以随身携带，你可以尽可能多地写下约会的相关信息，还可以设置闹钟提醒，确保你不会忘记。我就是这样记录工作信息的。"

我们可以单独写一本书，介绍所有可用来帮助思维和记忆的科技。智能手机有很多可以帮助你记忆的功能，比如电子日程表，它可以提醒你即将到来的约会；有闹钟，你可以设置它提醒你何时服药，何时打电话，或者何时出门赴约；也有一个笔记区，你可以写下白天你不想忘记的事情。如果你既有手机又有固定座机，你也可以给家里的座机留言，告诉你自己回家后需要做的事情。如果你能上网，还可以设置各种各样的邮件提醒，比如生日、纪念日和其他重要的日子。这些只是你可以利用科技的几种方式，还有很多其他智能手机应用和技术辅助工具。与周围其他人交流，看看哪些科技可能对你的生活有帮助。

带笔记本

另一种记录信息的方法是随身携带一个纸质笔记本。最好是那些可以放进口袋或手提包的笔记本，这样你就不太可能把它落下。在笔记本上记下你当天需要做的事情、购物清单、约会信息，以及别人给你的其他信息。一回到家，你就可以把重要信息转移到你的日程表或每日计划。

列清单

杰克还在看萨拉的冰箱，看到一张长长的便利贴，上面写着已经完成了一半的购物清单，还有一些其他便条，比如"记得拿生日卡片"和"换油"。

"我猜你没有把所有需要记住的东西都记在脑子里……"杰

克像是自言自语，又像是对萨拉说道。

如果你还没有这样做，那么我们可以告诉你，列清单是一种简单有效的记忆方法。大多数人依靠购物清单记住购物时需要购买的东西。待办事项清单还可以帮助你继续做正在做的事情，并完成需要完成的任务。你还可以列一个问题清单，把下次看医生时想问的问题写下来，并带在身边，这样你就不会忘记要讨论的重要话题了。随身携带一支笔和一本记事本，或者使用智能手机App，这些都是确保你有需要时总能列出有效清单的好方法。

使用提示便条

便利贴或其他提示便条可以帮助你记住日常生活中的许多事情。如果第二天你需要带一些东西，在门上留个便条。早上给自己留个便条，提醒自己当天要做的事情。早上上班前，你可以在冰箱门上贴上"给鸡解冻"的便条，这样下班回家时，它就会提醒你把鸡从冰箱里拿出来。同样，使用提示便条有多种方法。一个重要原则是，事情做完后要及时丢掉它，这样就不会到处都贴着旧便条了。动动脑，你可以想出最好的办法，将提示便条融入日常生活。

养成习惯

"是的，爸爸，我并没有把所有事情都记在脑子里。"萨拉

表示同意,"在工作、家庭和生活之间,我们需要使用日程表、清单、便条等方式来让事情变得更简单。但最重要的是,我们已经习惯了怎么做。"

"什么意思?"杰克问。

"就像我之前说的,回家时,我总是把钥匙、眼镜和钱包放在门厅的桌子上。吃完早饭和晚饭之后我就会吃药。每个人都知道把需要的东西添加到冰箱的购物单上。我总是把新的约会写进日程表……我发现,如果我想等等再写,我经常会忘记其中一些信息,甚至直接把这事忘了。"

一个帮助你记忆日常事务的有效方法就是养成习惯。当一件事与一个固定习惯绑定在一起时,你不需要再花费同样的精力来记住这件事。例如,如果你记不住早上吃药,把药物放在咖啡机旁边,在你倒第一杯咖啡之前吃药,养成一个习惯。至于晚上吃的药,把它们放在牙刷旁边,在你刷牙之前服用,养成一个习惯。

还有很多其他利用每天、每周或每月惯例的办法,让它们为你所用。你可以每月留出一到两天支付账单。你甚至可以联系支付账单的服务机构,要求所有账单在每月的第一天到期,然后留出每个月的最后一个星期六来支付账单。

想想在你生活中需要记住的事情,把它养成习惯。要养成一个新习惯,把它写下来可能会有帮助。随着时间的推移,这些事将成为一种习惯,你会自然而然地去做。

每个人都需要记忆辅助工具

> 杰克想着萨拉的话。他以前觉得,如果选择屈服,使用药物收纳盒或依靠日程表,就是"承认失败"——他那糟糕的记忆力"打败"了他。但是现在,杰克如释重负地发现,即使是他那聪明、有条理、记忆力超群的女儿,也觉得这些记忆辅助工具很有用。

采用本章所讨论的记忆辅助工具,你不需要有心理负担。任何年龄段的人都可以通过将信息条理化,使用记忆桌、药物收纳盒、日程表、智能手机、笔记本、清单、提示便条和惯例来记录更多的信息。

小　结

记忆辅助工具可以是铅笔和纸,也可以是智能手机应用、电子药盒和其他快速发展的科技手段。如果你不愿意尝试或依赖记忆辅助工具,请记住,你认识的那些记忆力绝佳的人很可能也使用这些辅助工具。

接下来用一些例子来说明我们在本章中学到了什么。

- 你家前门上有一个钥匙钩,但你还是把钥匙放错了地方。你经常在台面上或口袋里发现它们。这是为什么呢?

  记住一条重要的黄金法则——养成习惯!许多记忆辅助工具

需要一开始有意识地使用，随着时间的推移，它们会变成自然而然的习惯。例如，如果你已经安了一个钥匙钩，很好，这是第一步。下一步是确保你每次都有意识地使用你的新工具——钥匙钩，否则我们经常会回到从前，比如把钥匙扔在台面上或放在口袋里。连续几个星期或几个月有意识地使用你的新辅助工具之后，你会开始不自觉地使用它，即使你没有刻意地去想。

- 家里有一个日程表，每晚你都会更新，写上新约定，但你发现还是会少记一部分。为什么？

　　记住第一条黄金法则——不要拖延！如果白天你有了一些新约定，但是直到晚上才把它们写下来，那么你可能就会忘记其中一部分（或者把它们混淆）。趁着信息还新鲜的时候，务必立即使用记忆辅助工具。随身携带袖珍日程表、笔记本或其他辅助工具可能会有帮助，便于及时记下当时的约定，等回家后再把它们转移到家里更大的日程表中。

- 你的药盒放在厨房桌子上，你记得早、晚饭后服药。但就算在家，你也似乎总忘记两点钟吃药。

　　因为早、晚的日常活动相当有规律，很容易使服药成为这些日常惯例的一部分。然而，白天你的日程安排可能会变化，养成一个固定的习惯会更加困难。在这种情况下，身上携带下午的药，并使用手表或手机上的闹钟等辅助工具来提醒你吃药，会更有帮助。

- 你以前从来没有依赖过日程表或笔记本，现在使用它们会觉得有点尴尬。难道你就不能"更努力地"去记住一些事情吗？

　　一个健康人随着年龄的增长，大脑会发生变化，从而使记忆信息更加困难。即使以前你能够在没有日程表或其他帮助的情况下记住所有约定、出差、社交活动和其他信息，但现在可能做不到了。此外，大多数有条理的中年人甚至年轻人也使用这些记忆辅助工具。所以不必为使用记忆辅助工具而感到尴尬——它是大多数成功人士每天都会使用的一种技能。

Step 第7步 7

规划未来

从第1步至第6步，我们学习了如何判断记忆力是否正常，记忆丧失的常见原因有哪些，如何用药物来治疗记忆丧失，如何调整饮食和进行锻炼来保持大脑健康，以及如何使用策略、记忆辅助工具和保持积极心态来改善记忆力。在最后一步，我们将讨论如何积极规划你的未来。我们将处理一些棘手的问题，比如使用电动工具、要注意的法律问题，以及工作和驾驶方式是否需要改变。我们也会讨论一些你可以做的积极的事情来改善你自己和下一代的生活。

第18章

记忆力衰退会改变生活吗？

如果你被诊断出患有记忆障碍，必须停止开车吗？还能继续管理自己的财务吗？应该远离电动工具吗？必须停止工作吗？应该搬出你的家吗？这些都是我们在诊断记忆障碍时人们提出的一些较为常见又十分重要的问题。这本书的目的是帮助你保持独立，不让记忆问题影响你做任何你想做的事情。那我们如何在保持独立和保障自己及他人安全之间取得平衡？我们将在本章探讨这些及相关的问题。

在投资和理财方面向家人或朋友寻求帮助

几星期前，杰克收到一封电子邮件，邮件通知说他的退休养老规划有所改变，他需要选择把毕生积蓄投向哪一种基金。杰克把所有不同的选择都摊放在厨房的桌子上，他不知道该选哪种基金。杰克打电话给女儿萨拉，问她是否可以过来，给他一些建议。

"谢谢你，萨拉。"当她到达时，杰克说，"我真的很感谢你帮我处理这些财务问题。我只是想确保我没有作出任何愚蠢的决定。"

"没问题，爸爸。"萨拉回答说，"这种事务对任何人来说都相当复杂。"

即使是记忆力超强的绝顶聪明人，有时也会作出糟糕的投资决策，导致重大的财务损失。投资是一门复杂的艺术，投资者需要了解和记住一些最新信息，拥有良好的判断力、推理能力和一点运气。由于投资的复杂性，许多最终患上记忆障碍的人在确诊前的几年里作出了糟糕的投资决策，这并不奇怪。可悲的是，有时毕生积蓄或退休金会在短时间内流失。无论你出于何种原因出现记忆问题，我们建议你向你信任的人咨询投资和其他财务问题，比如家人、挚友，或者你以前共事过的财务顾问。请注意，我们并不是建议你把所有的决定权都交给他人——只是建议你允许他们参与决策过程。同样，请别人定期检查你的支票簿和账单，以确保没有出错，也没有人占你便宜，这也是一个好主意。

拒绝电话推销员

与此相关的一个问题是电话推销员的推销——那些讨厌的人给你打电话，想让你买东西、捐钱，或者注册一张新的信用卡。对此，请确保你所有的电话号码都已在国家谢绝来电登记处登记。遗憾的是，办理登记并不能屏蔽所有不需要的来电。你可以考虑买一个有来电显示的手机，这样你就能知道是谁打的电话，不要接不熟悉的电话。如果你错过了一个真正重要的电话，你随时可以查看信息并回拨。最后，如你所知，你不应该在电话或电子邮件中提供信用卡号码或银行信息。

开车时邀请家人或朋友陪同

处理完财务事务后，萨拉准备回家。

"别忘了，明天要见律师。"她临走时说。"你要么到我工作的地方来接我，我们坐同一辆车去。我已经把预约时间、律师的地址和我的新工作地址写在冰箱上你的日程表上了。"

第二天，杰克把预约时间和律师的姓名、地址一起抄在他的新笔记本上。杰克还记下了萨拉的新工作地址。尽管他从未去过她的新办公室，但他知道它的大致位置，只需要20分钟。杰克驶出车道，朝萨拉的办公室开去。

上路之后，杰克发现一切都变了样。一些以前的地标已经不复存在。以前的西尔斯大厦去哪里了？杰克问自己。

20分钟过去了，杰克找不到萨拉的新办公楼。他把车停在路边的停车区，然后掏出手机。"萨拉，我找不到你的办公室……是的，我在中心街，但我找不到西尔斯大厦，不知道该往哪里走。"萨拉在电话里给杰克指路，他又找到了路。几分钟后杰克到了，萨拉已在路边等候，她跳上副驾驶。

萨拉很惊讶，杰克找不到她的办公室，尽管他以前没有来过。她心想，他过去对这座城市了如指掌。"爸爸，你开车有问题吗？"她问道。

"只是方向感有点问题，就像现在一样。我没有出过任何'小车祸'或类似的事情。"

在杰克开车前往律师办公室的路上，萨拉仔细观察他。他行驶速度适当，正确使用转向灯，看到穿马路的行人主动停下来。她觉得坐他的车非常安全和舒适。

◇ — ◆

开车基本上会遇到两种问题。首先是迷路。虽然不方便，但我们不太担心你迷路。迷路了，你可以随时停车问路，点击智能手机上的应用程序，从汽车仪表盘上的小储物箱里拿出一张纸质地图，或者打电话找人问询。其次，有些人也许并不是一个可靠的司机。开得太快或太慢、看不见行人或红灯、看见行人或红灯也不停车、在错误的车道上行驶，无论是哪种情况，如果不能安全驾驶，就不应该开车。

如何才能知道自己能否安全驾驶？好吧，这可能看起来是一个愚蠢的问题——显然，如果你不能安全驾驶，就不会继续开车了，对吧？事实证明，在开车方面，人们并不能客观地自我评判。如果你被诊断为记忆障碍，无论是哪种类型，最好每月邀请一位家人或朋友和你一起开车，沿着你通常行驶的路线驾驶，以确保你仍然能安全驾驶。出去吃顿饭或者喝杯咖啡会让这个过程变得有趣。研究表明，你的孩子——假设他们现在是成年人——就是最好的陪驾人。

如果家人认为你不应该开车，但你不同意他们的意见，觉得自己开得很好，那该怎么办呢？在这种情况下，我们建议你去做一个正式的驾驶技能评估。有些州的机动车辆管理部门可以做这些评估。康复医院提供的驾驶项目不仅能评估你的驾驶技术，还能帮助你成为一名更好的驾驶员。其中有些项目可能需要几百美元，但价有所值——比一次事故要便宜得多。

哈特福德基金会已出过不少有关安全驾驶和认知下降的出版物，非常有用，可以免费下载。这些出版物能帮助你了解认知变化对安全驾驶的影响，并在你现在或将来需要停止驾驶时提供支持。阿尔茨海默病协会等许多其他组织也有类似的资源。

着手处理法律事务

> 杰克和萨拉准时到达律师办公室。
> "今天我能为你做些什么吗？"律师问。
> "医生诊断我患有'轻度认知障碍'。"杰克解释道，"现在情况还好，但以后可能会加重。所以医生说，最好现在就签署今后需要签署的所有文件。"
> "我可以帮你做这些事情。"律师回答说，"我们今天可以先讨论一下你的决定，下周再签署所有文件。"

无论你是否被诊断出患有记忆障碍，现在都是整理法律文件的好时机。保持积极主动，不要等到危机发生再去解决。除了常规遗嘱外，我们建议你准备好以下文件：

- 生前预嘱，表明在本人无法作出医疗选择的时候，希望使用何种治疗。例如，如果心脏停止跳动，是否希望尝试心肺复苏。
- 授权书，是一份文件，允许你在无法为自己作出决定的情况下，指定一个人作出法律和财务决定。
- 医疗授权书，是一份文件，允许你在无法为自己作出决定的情况下，指定一个人作出医疗和其他保健方面的决定。这些决定可能包括选择不同的医生和医疗机构，选择不同的长期护理设施，以及选择不同类型的治疗（例如，癌症的手术治疗和药物治疗）。

避免使用电动工具

> 服用医生开的药后，杰克的记忆力有所改善。在萨拉的帮助下，他变得更有条理，能够更好地利用日程表、笔记本、提示便条、待办事项清单和日常习惯来弥补自己记忆力的不足。现在，他不想整天坐在家里了，他想做兼职。杰克做了大半辈子的电工，现在他开始寻找建筑方面的工作。
>
> 然而，在建筑工地，情况发生了一点变化。现在，工头希望建筑工人牢记安全规则，并在每次使用工具时都要进行一系列检查。杰克意识到这份工作可能不适合他。

无论开车还是居家，安全第一最重要。不论年龄大小，记忆力好坏，电动工具对任何人来说都存在一定的危险性。

如果你的记忆力有问题，它就会变得更加危险。我们知道有一些人因为使用电动工具失去了手指。

如果你的记忆力有问题，我们建议你赠送电动工具，相信你可以找到愿意接收电动工具的朋友或亲戚。

找到合适的工作

杰克继续上陶艺课。有一天下课后，杰克问老师有没有人在招兼职。

"事实上，"老师回答说，"我们店在招兼职。"

杰克看起来很高兴，但很困惑："我觉得我做的陶器还不够好，不能在店里卖。"

"嗯。"老师微微一笑，"也许是的，但我们需要的是其他方面的帮助。我们有足够的人手做陶器，但储藏室里还需要人帮忙，把陶器装进箱子里以便运输；在店里忙的时候需要帮助招呼顾客，回答顾客的问题。你工作很努力，待人接物也很不错。"

"好的。"杰克说，"听起来不错，这正是我要找的。我只想提前说明一下，医生说我有'轻度认知障碍'。我认为这不会妨碍我在店里工作，但我只是想在你雇用我之前告诉你一声。"

"其实，"老师回答说，"我对'轻度认知障碍'很了解。我父亲也患有这种疾病，多年来他都过得不错。如果你想要这份工作，它就是你的了。"

如果你被确诊患有记忆障碍，应该继续工作吗？这取决于一些因素，比如你是否想工作、做什么工作、做这份工作多久了。一般来说，工作总是有益的，如果你能继续安全地做好你的工作，我们建议你这样做。工作有助于培养健康的日常习惯、刺激心智并提供社交机会。它也可以调节情绪、维护自尊心。为了获得这些好处，工作是否有偿并不重要。

好的工作是指那些不需要使用电动工具的工作，包括制作手工艺品、插花和编织。如果工作可以让你按照自己的节奏做事，并且还会有人问你问题，那也是好工作。

涉及监管的工作，不论是何种层面的监管，都不太适合，比如在日托中心照看孩子或管理生意。其他不适合的有涉及记忆、判断和推理的工作，以及临床或法律类等直接影响人们生活的工作。

与朋友家人谈谈你的记忆力

杰克和朋友山姆在当地社区旅舍吃午饭。

"上次，也就是几个月前我们就在这里，那次谈话我想了很久。"杰克说道。

"就是我说我觉得你应该去检查记忆力的那次？"山姆问道，"我不知道你是要感谢我还是要打我。"

"我自己也不确定。"杰克笑着说，"我想说，我确实去看了医生，检查了记忆力，我很高兴我去了。她诊断我有'轻度认知障碍'，并让我治疗阿尔茨海默病和中风。"

"啊,听到你的诊断结果,我真难过……"

"我不怎么难过——我自知有记忆问题,但我认为人老了都会这样,没办法。现在我不仅知道是怎么回事,而且还在服药治疗。所以我想谢谢你,山姆,感谢你说的那些话。尽管我们是老朋友了,但我相信你也一定很难开口。"

"是的,但是在我和玛丽经历过这一切之后,我知道了及早发现记忆问题是多么重要。"山姆解释道。

如果你有一些记忆问题,你向你的配偶、孩子或密友倾诉,他们给予你支持。那其他人呢?你应该告知你的老板、同事、网球伙伴、读书俱乐部或桥牌小组吗?这个问题没有一个正确的答案。这取决于很多因素,包括你对这个人有多了解,他可能给予你多大的支持,和他在一起你的记忆问题被发现的可能性有多大。因此,答案在很大程度上取决于你的记忆力。总的来说,根据我们的经验,大多数人过了很长时间才告诉家人和朋友。

让我们想象一下以下场景。除了你自己,没有人注意到你有非常轻微的记忆问题。最近,你被诊断出患有轻度认知障碍,开始服用多奈哌齐(商品名安理申),这种药物可以让你的"记忆时钟"倒拨6—12个月。在这种情况下,你大概会有6到12个月的时间,在此期间没有人会注意到你的记忆问题。这并不意味着你应该保守秘密,但如果你想的话,也许可以这样做。在那之后,其他人可能会开始注意到一些你已经注意到的小问题。这个时候你就该告诉大多数朋友了。所以此时,当你和一个熟人打网球的时候,请他帮你记住比分，向他解释你的记忆力已经不如从前了。

让我们再想象一下另一个场景。这次是你的一个朋友问你的记忆力是否出了问题。你去做检查，医生说你已经有阿尔茨海默病的苗头，让你开始服用多奈哌齐。你能保守秘密吗？因为有些人已经注意到你的记忆问题，并跟你谈及此事，所以很可能其他人也注意到了。现在不要害怕告诉你的朋友，告诉他们你的记忆力出了问题。好朋友会支持你的。

获取支持，轻松待在家里

"玛丽怎么样？"杰克问。

"嗯，她的阿尔茨海默病现在很严重。"山姆说，"她住进一家记忆护理机构，那里专门治疗像她这样的阿尔茨海默病晚期患者。"

"她什么时候搬过去的？"

"大约6个月以前。一开始我还能帮助她处理所有事情，直到后来，很多意外开始发生，我实在应付不过来。但还好，她现在住的地方不错，就在附近，我每天都去看她。"

"我也很高兴她能住在这样一个好地方。"杰克说，"我猜我可能会步她的后尘……"

"噢，短期内我不会担心这个。"山姆很快回答，"刚开始，玛丽的记忆问题和你一样轻微，大约8年之后才搬到护理机构。"

如果你被诊断出患有记忆障碍，你可能会想，是否需要搬出家住进一家医疗机构。简而言之，如果你还在阅读这本书，那么你的记忆问题可能还算轻微，你可以待在家里几年。随着时间的流逝，你可能需要更多来自家人、朋友或他人的帮助。以下列出的一些服务，可以帮助你更轻松地待在家里。

- 上门送餐服务——将做好的饭菜送到家里。
- 探访护士——如果你有糖尿病，探访护士可以给你送药，并帮助你解决其他医疗问题，如检查血压或血糖。
- 家庭主妇——上门帮忙洗衣、做饭、打扫卫生以及类似工作。
- 家庭健康助理——可以帮助你完成任何有困难的个人日常生活事务，比如洗澡。

如果你对这些家庭服务感兴趣，请咨询医生，或者联系美国阿尔茨海默病协会获取更多信息。此外，如果你未来需要的话，还可以关注退休社区。每天都有新的退休社区开放，它们不仅可以提供帮助，而且配置完善——从每天到访分发药物的护士到专门的记忆护理机构，应有尽有。

其他的选择有协助生活机构和长期照护机构。请注意，医疗保险为一些居家服务买单，而贫困医疗补助为一些长期照护服务买单。协助生活服务和退休社区通常是自费的，不过在一些州（如佛蒙特州），贫困医疗补助也为协助生活服务买单。

小　结

如果你有记忆问题，生活中可以作一些重要改变：捐赠电动工具；在投资理财和决定是否接受驾驶技能评估等方面，听取家人和朋友的建议；找一份你喜欢的、不受记忆问题影响的工作，不考虑有无报酬。与朋友和家人谈谈你的记忆力，他们会理解并支持你；确保自己居住在适合的生活环境，如果有需要，请寻求帮助；最后，每个人都应该准备好法律文件，比如生前预嘱和授权书——不要坐等危机发生。

接下来用一些例子来说明我们在本章中学到了什么。

- 多年来，你一直成功地自我管理退休金的投资组合。为什么仅仅因为医生说你有轻度认知障碍就需要家人帮忙呢？

    投资是一件复杂的事情，往往需要同时记住许多不同信息。如果你在记忆信息方面有困难——哪怕只有一点点——你都有可能会因为记不住所有不同的信息，最终导致投资失败。因此，在作出最终决定之前，和你信任的人一起讨论一下是个不错的做法。

- 你开车从来没有问题，直到上周，你开车去老朋友家，却发现找不到路了。这是否意味着你以后不能再开车了？

    不一定。找不到地址——甚至迷路，并不意味着你不能安全驾驶。你开车时可以邀上一位朋友或家人，最好是你的一位成年子女。如果他（她）觉得你是一个可靠的司机，那么你可以规划路线，开车去你朋友家了。

- 你的子女从不觉得你是个可靠的司机，他们没有坐上车就会这样告诉你。你从来没有出过事故，自认为是个好司机。你刚刚被诊断出患有记忆障碍，你应该怎么做？

  你应该在你所在州的机动车辆部门或康复医院接受驾驶技能评估。即使要花几百美元，那也比一次事故的成本要低。（如果通过了测试，你可以告诉你的子女："你们错了！"）

- 你作为一名护士，做配药工作已经50多年了。即使你被诊断出患有记忆障碍，你仍然比所有新来的护理专业毕业生加起来还要懂得多。你需要停止工作吗？

  根据实际情况而定。记忆问题可能会导致你给病人重复配药或者忘记配药，所以赶紧停止这份工作。幸好，除了配药外，护理的范围还很广泛，其中很多方面的工作你都可以轻松完成。跟你的主管谈谈如何作些调整，这样你就能安全地工作了。

第 19 章

未来何去何从？

现在你已经做了一切：弄清楚你察觉的记忆力变化是否与正常衰老有关；从医生那里得到建议，可能还做了测试，配了药；保持健康饮食，经常锻炼；使用不同的策略和记忆辅助工具来保持最佳的记忆状态；在开车、工作、投资和其他方面作出了必要的改变。那么未来何去何从？在最后一章中，不管是什么原因导致你的记忆发生变化，我们将讨论你能积极主动去做的事情。

获得家人和朋友的支持

"感觉怎么样？"开车去记忆中心的路上，约翰问苏。苏通过锻炼、瑜伽和神经科医生开的药物来缓解焦虑和抑郁已有一段时间，现在她准备去复测记忆力。

"很好。虽然我知道我的记忆力不算好，但我现在感觉好多了。我学的那些记忆策略真的很实用——现在我知道当我需要记忆的时候应该怎么做了。"

约翰和苏到了记忆中心，他们看到玛丽和山姆在候诊室里和其他人聊天，非常惊讶。当苏和约翰走进候诊室时，山姆抬起头来。"嗨，苏，嗨，约翰，我没想到会在记忆中心见到你们。"

"嗨。"苏回答说，"我不是只是担心焦虑，而是听从了你的建议——我已经检查了记忆力！"

"我们来这里是为了玛丽的后续预约。"山姆一边说，一边看了看刚才和他说话的那个人，"给你介绍一下，这是我的朋友杰克和他的女儿萨拉。"

"所以他也告诉你，你应该检查一下记忆力。"他们相互自我介绍后，杰克说道。

"是的。"苏回答，"我很高兴他跟我说了。我非常担心自己的记忆力，又难过又焦虑——这只会让我的记忆力更糟！"

"是的，我承认，听到山姆告诉我他认为我的记忆力越来越差，我不太开心，但我也很高兴他这样做了。"杰克说道。

怀疑自己的记忆力有问题，这是个艰难的过程，但如果没有朋友和家人的支持，那就更难了。向配偶、子女或好友倾诉你的担忧，分担你的忧虑，不要一个人独自承受。

参与研究

"杰克刚刚告诉我他要参与一些研究。"山姆说。

"是的，我很期待能帮上忙。"杰克解释道。

"我希望这种新型试验性药物能帮助你提高记忆力，爸爸。"萨拉补充道。

"那就太好了，我也希望如此。"杰克表示同意，"但我这样做是为了你——或者是你的孩子——等你们到了我这个年纪就不用担心记忆力和阿尔茨海默病，因为将来我们会有治愈方法。"

无论你记忆力正常还是有记忆障碍，你都可以参与许多不同类型的记忆研究。新药物的临床试验可以为治愈记忆障碍提供方向。诊断性临床试验可以评估诊断记忆障碍的新方法，比如使用脑电图、磁共振成像或简单的血液检查。也有研究评估改善记忆的新方法、最好的锻炼方式、最好的食物。在一些研究中，研究人员也许会到你家里，但是大多数研究是在诊所或医院进行的。无论出于什么目的，参与研究都是一种积极应对记忆问题的方式，通过这种方式你可以让他人和下一代受益。

加入宣传和支持组织做志愿者

有人到候诊室叫苏做纸笔测试。

"祝你好运。"约翰说。

苏笑了，她对自己的记忆力有种久违的自信。

30分钟后，苏和约翰坐在神经心理学家的办公室里。

"有一些好消息要告诉你。"神经心理学家说，"在我们所有的测试中，你的得分都在正常范围内。"

"这意味着我的记忆力正常了吗？"

"是的，这意味着你之前的记忆困难很可能是由安眠药的副作用、甲状腺激素水平较低、维生素缺乏、喝酒略微过量，以及你曾经的抑郁和焦虑这些综合因素引起的。"

苏和约翰相视而笑。

开车回家的路上，苏对约翰说："我想帮助别人改善记忆力。我想和大家分享一些我所了解到的可能导致记忆问题的不同情况，让人们知道锻炼、瑜伽和检查记忆力的重要性。"

"不要忘记所有你学过的策略。"约翰补充道。

"是的……我想我要去找一个合适的地方做志愿者，做这些事情，甚至更多。人们需要知道，他们不该只担心自己的记忆力，坐以待毙——还可以做很多事情来改善记忆。"

约翰笑了。

参与其中，当志愿者；与他人合作；提升人们对记忆的关注，减轻与记忆丧失、阿尔茨海默病和痴呆有关的病耻感；为研究筹集资金；分享你所学到的东西；为信息热线或危机热线做志愿者；游说地方和国家政客；许多宣传和支持组织的发展离不开你的投入、热情和奉献。阿尔茨海默病协会就是这样一个组织，你还可以参加许多其他地方、国家和国际组织。在网上搜索，找到一个最符合你兴趣的组织，可能是你家附近的一个组织，也可能是一个国家或国际组织。

获取更多信息

你可以从许多地方获取更多信息。在本书最后的拓展阅读部分，你会找到一些相关资源。

掌控你的记忆力

> 杰克和萨拉离开记忆中心，开车回家。杰克异常安静。
>
> "在想什么？"萨拉问道。
>
> "我在想关于记忆的事。"杰克回答说，"我现在感觉好多了，因为我知道自己的记忆力出了什么问题，而且我正在服用正确的药。日程表、药物收纳盒、记忆表和清单都很有效，甚至你给我安排的饮食也没那么糟糕。"
>
> "太好了，爸爸。我很高兴你做完检查之后对自己的记忆力感觉好多了。"
>
> "是的，我非常感谢山姆对我说的那些话，并且引导我关注自己的记忆力。我刚刚一直在想我们一个打曲棍球的伙伴，他总是记不住我们在哪天打球，在哪里练球……现在我对记忆问题、阿尔茨海默病和中风有了更多的了解，我敢打赌他的记忆力有问题。等我回到家，我就去找他，跟他说应该去检查一下。"

别让对记忆问题的担忧压垮你。别等到记忆功能完全瘫痪再采取行动。在有关记忆的问题上，不要坐以待毙，要主动出击。如果读完这本书之后，你担心自己的记忆力，那就去检查一下，要敢于找出问题。正如我们所说，无论你的记忆问题由什么引起，你都可以做很多事情来帮助改善记忆力。早期服药，效果最好。有可能你会发现一切正常，你所经历的记忆力变化只是正常衰老的表现，或者很容易治疗，如维生素缺乏或激素失衡。你可以去看医生；利用这本书中的信息；改变你的饮食；开始定期锻炼；使用策略和记忆辅助工具来提高你日常的记忆力；掌控你的记忆力。

小　结

记忆问题无须隐藏，也无法忽略，要积极主动面对。在家人和朋友的支持下，你可以很好地与医生合作，消除对记忆力的担忧。无论你的记忆力是否正常，参与研究是帮助我们找到治愈记忆障碍的方法之一，这样你的子孙后代就会有更多的治疗方法。去记忆障碍救助组织做志愿者是一种回馈社会和分享所学的方式。你也可以从政府机构、私人组织等许多地方获取更多关于记忆障碍的信息。

接下来用一些例子来说明我们在本章中学到了什么。

- 你很担心自己的记忆力，读完这本书，你确信自己将被诊断为阿尔茨海默病。还有必要去看医生吗？

　　有，理由如下：首先，这可能不是阿尔茨海默病，你的记忆问题可能是由维生素缺乏、荷尔蒙失调、睡眠紊乱、抑郁、焦虑，甚至是正常衰老引起的；其次，如果你被诊断为阿尔茨海默病，那么早期服药效果最佳；最后，有一些新药正在临床试验，如果你的记忆障碍发现时间足够早，你就有资格申请使用这些新药。

- 你想进一步参与研究，帮助找到治疗记忆问题的方法，但你的记忆力是正常的。有什么研究你可以参与吗？

  当然有！对于那些正常衰老的人来说，有很多参与研究的机会。那些旨在为记忆障碍患者开发新的诊断测试、策略、饮食或锻炼方案的大多数研究也需要健康老年人的参与。甚至还有一些临床试验是针对那些在认知测试中表现正常却担忧自己记忆力的人。

- 你已经读完了这本书，却还在担心自己的记忆力。你是个注重隐私的人，通常不会与任何人分享你的健康信息。你应该和家人或朋友说说你的担忧吗？

  应该，原因如下：首先，你可以问问朋友或家人，他（她）是否注意到你的记忆力有任何衰退的迹象；其次，如果你确实要去看医生检查记忆问题，多带一双眼睛和一对耳朵很有帮助，这样你就不会错过医生所说的任何信息；最后，担心记忆问题会让人感到孤独和焦虑，最好和你亲近的人说说你的担忧。

术语表

以下定义与一般定义不同，准确说明了各术语与本书所讨论的记忆、记忆丧失和老年疾病之间的联系。括号内为步骤和章节编号。

AD8：一份调查问卷，含8项内容，可以由担心自己记忆力的个人完成，或者更常见地，由关系密切的人完成，比如家人（第2步第4章）。

APOE-e4基因：一种增加阿尔茨海默病患病概率的基因（第3步第8章）。

CT（CAT）扫描：使用X射线的脑成像研究，可以显示脑萎缩和中风的情况（第2步第4章）。

阿尔茨海默病：由淀粉样斑块和神经原纤维缠结引起的大脑疾病。初始症状为记忆丧失。当思维能力和记忆力受损但日常功能正常时，我们称之为阿尔茨海默病引起的轻度认知障碍。当日常功能受损时，我们称之为阿尔茨海默病的痴呆阶段（第2步及第3步）。

艾斯能：见胆碱酯酶抑制剂。

安理申：见胆碱酯酶抑制剂。

斑块：见淀粉样斑块。

缠结：见神经原纤维缠结。

痴呆：思维和记忆问题发展到一定程度，导致独立功能受损（第3步第7章）。

磁共振（MRI）扫描：使用磁场的脑成像研究，可以显示脑萎缩和中风的情况（第2步第4章，第3步第6章）。

错误记忆：记得一些从未发生过的事情（第1步第1章）。

大脑皮层：大脑外层，储存已巩固的记忆（第2步第4章）。

胆碱酯酶抑制剂：通过抑制化学物质乙酰胆碱的分解来改善记忆的药物，乙酰胆碱是大脑中一种重要的神经递质。多奈哌齐（商品名安理申）、卡巴拉汀（商品名艾斯能）和加兰他敏是三种常用的胆碱酯酶抑制剂，用于治疗包括阿尔茨海默病在内的记忆障碍（第4步第11章）。

地中海式饮食：为数不多、可能有益大脑健康的饮食之一，强调多吃鱼、蔬菜、橄榄油、鳄梨、坚果、水果、豆类、全谷物和红酒（第5步第13章）。

淀粉样斑块：在显微镜下收集的β-淀粉样蛋白、部分脑细胞，以及脑细胞外的其他物质。淀粉样蛋白是阿尔茨海默病中集中出现的一种异常蛋白（第3步第8章）。

淀粉样蛋白：见淀粉样斑块。

淀粉样蛋白PET扫描：PET扫描就像"由内而外"的X射线。X射线的工作原理是，辐射光束从发射器射出，穿过身体，在胶片或X射线探测器上成像。在淀粉样蛋白PET扫描中，可以黏附淀粉样斑块的小分子发挥着重要作用。这种分子通过手臂的静脉注射进入大脑，如果大脑中有任何淀粉样斑块，它就会黏附在上面。通过辐射，斑块上的分子就会被X射线探测器检测出来（第3步第8章）。

顶叶：对注意力和空间功能很重要的大脑部分；在阿尔茨海默病早期受到影响（第3步第8章）。

多奈哌齐：见胆碱酯酶抑制剂。

额颞叶痴呆：一种主要影响行为的退行性脑疾病。患者通常会出现思维和记忆问题，变得冷漠或迟钝、缺乏同情心或同理心，还会出现不正常的饮食行为（第3步第10章）。

额叶：位于大脑前部，前额后面，它帮助我们集中注意力，使我们能够有效地存储、提取和组织记忆（第1步第2章）。

海马体：大脑的记忆中心，位于每个颞叶的内侧底部，头部两侧的太阳穴旁边，就在眼睛后面。左侧海马体主要负责记忆语言和事实信息，右侧海马体主要负责记忆非语言和情感信息（第1步第1章，第2步第3章，第3步第8章）。

脊椎穿刺：见腰椎穿刺。

加兰他敏：见胆碱酯酶抑制剂。

甲状腺：颈部产生甲状腺激素的腺体。甲状腺激素异常可能导致记忆力衰退、注意力难以集中、易怒、情绪不稳定、烦躁不安和思维混乱（第3步第6章）。

卡巴拉汀：见胆碱酯酶抑制剂。

快速遗忘：即使人们已经很好地掌握了信息，也会很快遗忘，导致重复提问，忽略重要事情，比如忘记关炉子（第2步第3章）。

临床试验：研究新药物以改善认知功能或减缓大脑疾病的恶化速度。在大多数试验中，有些人服用新药，有些人服用安慰剂，随机分配（第4步第11章）。

路易体病/路易体痴呆：一种退行性脑疾病，伴有以下症状：帕金森病特征、视觉障碍（包括视幻觉）、表演梦境行为、思维和记忆困难（第3步第10章）。

路易体痴呆：见路易体病。

慢性创伤性脑病：一种关于思维、记忆、情绪和行为的进行性疾病，由头部受到多次猛击引起，比如在拳击和足球比赛中经常发生（第3步第6章）。

美金刚：美国食品药品监督管理局批准用于治疗阿尔茨海默病的药物，商品名为Namenda，适用于中度至重度痴呆患者（第4步第11章）。

脑血管疾病：见中风。

颞叶：见海马体。

扭曲记忆：一段记忆被篡改或与另一段记忆混合，不再准确（第1步第1章）。

轻度认知障碍（MCI）：记忆力或思维能力下降。在思维和记忆测试中表现异常，但日常功能基本正常（第3步第7章）。

认知测试：见神经心理测试。

认知行为疗法：通过改变思维模式和行为模式的方法来改变不良认知，达到消除不良情绪和行为的目的（第4步第12章）。

筛查测试：一种简单的思维和记忆测试，即使症状还未显现，也可以检测出认知问题（第2步第4章、第5章）。

神经科医生：专门诊断、治疗大脑和其他神经系统疾病的医生（第3步第6章）。

神经系统检查：评估大脑和神经系统的专业体格检查，包括测试视力、听力、力量、感觉、运动、行走和反射（第3步第6章）。

神经心理测试：评估思维能力和记忆力的测试，反过来有助于判断大脑不同部分的工作状态（第2步第5章）。

神经心理学家：在运用、解释纸笔测试和问卷调查方面受过专门训练的心理学家，帮助诊断大脑疾病并提供实用建议（第2步第5章）。

神经原纤维缠结：在显微镜下，濒死脑细胞的骨架和营养物质"缠结"在一起。脑细胞被淀粉样斑块破坏，或受其他因素影响，形成了这种缠结（第3步第8章）。

维生素B12：缺乏维生素B12会导致思维、记忆和情绪方面的严重问题。

维生素D：一般来说，缺乏维生素D会增加患痴呆和阿尔茨海默病的风险。

血管疾病：见中风。

血管性痴呆：中风引起的痴呆（第3步第9章）。

血管性认知障碍：中风引起的轻度认知障碍（第3步第9章）。

腰椎穿刺：通常被称为脊椎穿刺，是一种从背部取出少量脊髓液的过程。脊髓液可以用来检测β-淀粉样蛋白和Tau蛋白，这两种蛋白在阿尔茨海默病中水平异常（第3步第8章）。

原发性进行性失语：一种主要影响语言的退行性脑疾病（第3步

第10章）。

正常压力性脑积水：一种由大脑积液引起的脑疾病，症状为行走缓慢、小碎步，尿急，注意力、思维能力和记忆力低下（第3步第10章）。

中风：把血液从心脏输送到大脑的动脉阻塞，部分脑细胞缺血而死。因为它与血管有关，所以中风常被称为"血管疾病"，有时也被称为"脑血管疾病"，因为问题出自大脑血管。大脑里的微小动脉阻塞，从而引发的小血管疾病，从外表上看毫无异常，只有通过CT或MRI扫描才能检测到（第3步第9章）。

主观认知下降：个人察觉思维能力和记忆能力下降，去看医生，但思维和记忆测试却显示一切正常（第3步第7章）。

主观认知障碍：见主观认知下降。

拓展阅读

为了确保书稿内容的准确性和科学性,我们查阅了大量文献资料,但本节只列出了普通读者可以找到的书籍、网站和其他参考资料。对所有资料感兴趣的读者可以联系作者,我们会很乐意提供完整的参考资料清单。

书籍

Brown, P. C., Roediger, H. L., & McDaniel, M. A. (2014). *Make it stick: The science of successful learning.* Cambridge, MA: The Belknap Press of Harvard University Press.

布朗, P.C., 罗迪格·H.L., 麦克丹尼尔, M.A.(2014)《认知天性:让学习轻而易举的心理学规律》,马萨诸塞州剑桥:哈佛大学出版社贝尔纳普分社。

- 该书提供了科学研究的成果,哪些可以帮助提高课堂学习效率,哪些不能——本书第6步第16章部分内容参考该书。

Budson, A. E., & Solomon, P. R. (2016). *Memory loss,*

Alzheimer's disease, and dementia: A practical guide for clinicians (2nd ed.). London, England: Elsevier.

布德森，A.E.，所罗门，P.R.（2016）《记忆丧失、阿尔茨海默病和痴呆：临床医生实用指南（第2版）》，英国伦敦：爱思唯尔。

- 本书第2、第3、第4、第7步的一些临床和科学内容参考该书。
- 尽管布德森博士及其同事最初是为临床医生写了这本书，但对于想进一步了解记忆障碍诊断和治疗细节的人来说，这本书写得十分清楚。

Lorayne, H. (2010). *Ageless memory: The memory expert's prescription for a razor-sharp mind.* New York: Black Dog & Leventhal.

洛拉尼，H.（2010）《永恒的记忆：记忆专家的敏锐头脑处方》，纽约：黑狗&利文撒尔出版社。

- 该书很好地总结了你可以在日常生活中学习和使用的策略——本书第6步第16章部分内容参考该书。

Schacter, D. L. (1997). *Searching for memory: The brain, the mind, and the past.* New York: Basic Books.

夏克特，D.L.（1997）《找寻逝去的自我：大脑、心灵和往事的记忆》，纽约：基础图书出版社。

- 本书对记忆作了精彩概述，重点讲解错误记忆如何形成。

Schacter, D. L. (2001). *The seven sins of memory: How the mind forgets and remembers.* Boston: Houghton Mifflin Harcourt.

夏克特，D.L.（2001）《记忆的七宗罪：遗忘与记住》，波士顿：霍顿米夫林哈科特出版社。

- 本书第1章的许多内容参考该书。

期刊文章

Budson, A. E., & Price, B. H. (2005). Memory dysfunction. *The New England Journal of Medicine*, 352, 692–699.

布德森，A.E.，普莱斯，B.H.（2005）《记忆功能障碍》，《新英格兰医学杂志》，352，692–699.

- 本文回顾了额叶、海马体和大脑皮层在记忆中的不同作用——本书第1步和第2步部分内容参考该文。

报纸、杂志和在线文章

阿尔茨海默病的事实和数据报告 http://www.alz.org/facts/overview.asp

- 该网站的资料每年更新，为本书第4章和第8章提供了一些临床和科学内容。

以下文章都与本书第6步第15章中所讨论的脑力训练行业的问题有关：

Cognitive Training Data, accessed (2016, January 17). Scientists to Stanford: Research shows brain exercises can work. Retrieved from http://www.cognitivetrainingdata.org/press-releases/scientistsstanford-research-shows-brain-exercises-can-work/

认知训练数据,2016年1月17日访问,《科学家们给斯坦福长寿研究中心的一封信:研究表明脑力训练有用》。

Cookson, C. (2014, October 26). The silver economy: Brain training fired up by hard evidence. Retrieved from http://www.ft.com/intl/cms/s/0/c6028b80-3385-11e4-ba62-00144feabdc0.html#axzz3yXpv8PMZ

库克森,C.,2014年10月26日,《银色经济:铁证刺激脑力训练产业》。

Federal Trade Commission. (2016, January 5). Lumosity to pay $2 million to settle FTC deceptive advertising charges for its "brain training" program: Company claimed program would sharpen performance in everyday life and protect against cognitive decline. Retrieved from https://www.ftc.gov/news-events/press-releases/2016/01/lumosity-pay-2-million-settle-ftc-deceptive-advertising-charges

联邦贸易委员会,2016年1月5日,《联邦贸易委员会指控Lumosity为其"脑力训练"项目投放欺骗性广告,Lumosity将支付200万美元赔偿金:该公司称,该项目可以提高日常生活表现,防止认知能力下降》。

Federal Trade Commission. (2015, April 9). FTC approves final order barring company from making unsubstantiated claims related to products' "brain training" capabilities. Retrieved from https://www.ftc.gov/news-events/press-releases/2015/04/ftc-approves-final-order-barring-company-making-unsubstantiated

联邦贸易委员会，2015年4月9日，《联邦贸易委员会批准最终命令，禁止公司就产品的"脑力训练"能力发布未经证实的声明》。

Max Planck Institute for Human Development and Stanford Center on Longevity. (2016, January 27). A consensus on the brain training industry from the scientific community. Retrieved from http://longevity3.stanford.edu/blog/2014/10/15/the-consensus-on-the brain-training-industry-from-the-scientific-community-2/

马克斯·普朗克人类发展研究所和斯坦福长寿研究中心，2016年1月27日，《科学界对脑力训练产业的共识》。

有用的网站

正念和冥想

https://nccih.nih.gov/health/meditation/overview.htm

放松疗法

https://nccih.nih.gov/health/stress/relaxation.htm

关于作者

布德森博士

布德森博士在哈弗福德学院获得学士学位，主修化学和哲学；博士以"优等成绩"①从哈佛医学院毕业后，在布列根妇女医院内科实习。之后，他参加了哈佛—长木神经病学住院医师培训项目，最后被选为总住院医师。布德森博士在布列根妇女医院获得行为神经学的奖学金，并加入了医院的神经学部门。布德森博士作为布列根妇女医院阿尔茨海默病临床试验副主任，参与了许多治疗阿尔茨海默病新药的临床试验。经过临床培训后，他成为哈佛大学实验心理学和认知神经科学的博士后研究员，在丹尼尔·夏克特教授的指导下，花了3年时间研究记忆。

在哈佛医学院担任了5年的神经学助理教授后，他加入了波士顿大学阿尔茨海默病中心，以及贝德福德退伍老兵医院的老年研究教育临床中心。在贝德福德工作的5年里，布德森博士担任过多个职

---

① 拉丁文学位荣誉是许多欧美国家大学的传统，用来奖励特别优秀的学士、硕士或博士，有时也作为学位评分的标准。Summa Cum Laude 最优等，Magna Cum Laude 极优等，Cum Laude 优等。

位，包括门诊部主任、临床科室副主任，以及老年研究教育临床中心主任。2010年，布德森博士转到退伍军人事务部波士顿医疗保健机构，现任认知和行为神经科学部门主任，以及转化认知神经科学中心主任。他也是波士顿大学阿尔茨海默病中心教育核心部门主任、波士顿大学医学院神经学教授、哈佛医学院神经学讲师，以及布列根妇女医院神经内科认知和行为神经学亚专科的顾问。

自1998年以来，布德森博士得到美国国立卫生研究院和其他政府研究基金的支持，曾获得国家研究服务奖、职业发展奖、美国国立卫生研究院（R01）研究课题奖和退伍军人事务部荣誉奖。他在当地、全国和国际上举行过450多次大型巡回演讲和其他学术演讲。布德森博士在《新英格兰医学杂志》《大脑》《大脑皮层》等同行评审期刊上发表了100多篇论文，并为50多份期刊担任评审。2008年，他被美国神经病学学会授予行为神经学诺曼·格什温德奖，2009年被授予老年神经学研究奖。布德森博士与他人合著了三本书，包括《记忆丧失、阿尔茨海默病和痴呆：临床医生实用指南》，第2版已被翻译成西班牙语、葡萄牙语和日语。

目前，布德森博士的研究内容是，利用实验心理学和认知神经科学的技术来解释阿尔茨海默病和其他神经系统疾病患者的记忆症状和记忆扭曲现象。在退伍军人事务部波士顿医疗保健机构的记忆障碍门诊部，他一边治疗病人，一边教学。布德森博士还在马萨诸塞州牛顿市的波士顿记忆中心看门诊。不工作也不写作的时候，他喜欢和家人待在一起，跑步、滑雪、练瑜伽和打网球。

奥康纳博士

奥康纳博士本科以"最优等学业成绩"毕业于伊萨卡学院，主修心理学和宗教。她在宾夕法尼亚印第安纳大学获得了心理学博士学位，在大卫·拉波特博士的指导下，主要研究抑郁症与阿尔茨海默病的区别。读博之前，她在耶鲁大学医学院实习，为患有多种诊断性表现（包括痴呆、创伤性脑损伤和中风）的门诊病人和住院患者进行记忆评估。她在威尔康奈尔医学中心和斯隆—凯特琳癌症中心完成了一年的博士后实习，在贝德福德退伍老兵医院和波士顿大学医学院又完成了两年的实习。

2005年，奥康纳博士接受了贝德福德退伍老兵医院神经心理学主任一职。任职期间，她建立了记忆诊断诊所，专门评估和治疗失忆的退伍老兵。2008年，她获得美国职业心理学委员会颁发的神经心理学专业证书。2009年，获得宾夕法尼亚印第安纳大学自然科学与数学学院颁发的青年校友成就奖。奥康纳博士曾在马萨诸塞州神经心理学会理事会担任继续教育委员会主席，目前担任美国国家神经心理学会教育委员会主席。2013年，她被任命为波士顿大学阿尔茨海默病中心外联、招聘和教育核心部门的副主任。2014年升职为波士顿大学医学院神经病科助理教授。奥康纳博士的研究兴趣包括了解和制定干预措施，以改善失忆患者及其护理家人的生活。

2005年，奥康纳博士获得了波士顿大学阿尔茨海默病研究中心的一笔试点拨款，用于研究运动训练对认知能力的影响。2006年获得了国家阿尔茨海默病协会的新研究员补助金，研究护理人员培训对控制痴呆患者神经精神症状的影响。

奥康纳博士以一项干预措施研究，获得了美国退伍军人事务部康复研究&发展中心颁发的康复研究小型项目奖，该干预措施旨在帮助老年人了解有关大脑衰老、痴呆的信息以及导致大脑衰老的生活方式。此外，奥康纳博士在教授神经心理学博士生、实习生和住院医师的同时，坚持评估和治疗失忆患者。闲暇时，她喜欢和丈夫、女儿，以及家里养的狗布鲁斯待在一起，跑步、做饭、放松。

致　谢

在我们的工作中，担心自己记忆力的人以及他们的家人向我们提出了不少好问题，为本书的写作带来了灵感，因此，首先要感谢他们给予我们的启发和指导。其次，感谢我们的家人和朋友，他们阅读了本书的初稿，提供了宝贵的反馈意见，他们是弗雷德·达泽尔、大卫·沃尔克、珍妮·戈达德、艾米·诺尔、乔治·诺尔、理查德·布德森、桑德拉·布德森、利亚·布德森、阿德南·汗、布里吉德·德怀尔、凯特·特克、塞西莉亚·麦克维、彼得·格林斯彭、苏珊·戈登、芭芭拉·沃伊西克、南·佩切尼克、苏珊·芬克和芭芭拉·明德尔。如果没有他们的帮助，我们就无法完成此书。特别感谢丹尼斯·奥康纳和托德·哈林顿的支持。也要感谢我们的同事和导师，他们教会我们如何照顾那些有记忆困扰的人，他们是保罗·所罗门、伊丽莎白·瓦西、柯克·达夫纳、丹·普莱斯、大卫·拉波特、迈克尔·弗兰岑、基思·霍金斯、理查德·德莱尼、帕特里夏·博伊尔、玛丽莎·卡夫、李·阿申多夫、海伦·丹尼森和伊迪丝·卡普兰。最后，非常感谢编辑克雷格·潘纳，他看到了该书的价值，全力鼓励我们，并在整个过程中给予指导和支持。

本书的内容来自真实的看诊经历，以及为本书写作所作的文献综述。本书利用许多个清晨、深夜、周末和假期写成。